Jörn Bruhn

Statistik für programmierbare Taschenrechner (AOS)

Anwendung programmierbarer Taschenrechner

Band 1	Angewandte Mathematik – Finanzmathematik – Statistik – Informatik für UPN-Rechner, von H. Alt
Band 2	Allgemeine Elektrotechnik – Nachrichtentechnik – Impulstechnik für UPN-Rechner, von H. Alt
Band 3/I	Mathematische Routinen der Physik, Chemie und Technik für AOS-Rechner Teil I, von P. Kahlig
Band 3/II	Mathematische Routinen der Physik, Chemie und Technik für AOS-Rechner Teil II, von P. Kahlig
Band 4	Statik – Kinematik – Kinetik für AOS-Rechner, von H. Nahrstedt
Band 5	Numerische Mathematik, Programme für den TI-59, von J. Kahmann
Band 6	Elektrische Energietechnik – Steuerungstechnik – Elektrizitätswirtschaft für UPN-Rechner, von H. Alt
Band 7	Festigkeitslehre für AOS-Rechner (TI-59), von H. Nahrstedt
Band 8	Graphische Darstellung mit dem Taschenrechner (AOS), von P. Kahlig
Band 9	Maschinenelemente für AOS-Rechner, Teil I: Grundlagen, Verbindungselemente, Rotationselemente, von H. Nahrstedt
Band 10	Getriebetechnik – Kinematik für AOS- und UPN-Rechner (TI-59 und HP-97), von K. Hain
Band 11	Indirektes Programmieren und Programmorganisation, von A. Tölke
Band 12	Algorithmen der Netzwerkanalyse für programmierbare Taschenrechner (HP-41 C), von D. Lange
Band 13	Getriebetechnik – Dynamik für AOS- und UPN-Rechner (TI-59 und HP-97), von H. Kerle
Band 14	Graphische Darstellung mit dem Taschencomputer PC-1211 (SHARP), von P. Kahlig
Band 15	Numerische Methoden bei Integralen und gewöhnlichen Differentialgleichungen für programmierbare Taschenrechner (AOS), von H. H. Gloistehn
Band 16	Elliptische Integrale für TI-58/59, Mathematische Routinen der Physik, Chemie und Technik, Teil III, von P. Kahlig
Band 17	Theta-Funktionen und elliptische Funktionen für TI-59, Mathematische Routinen der Physik, Chemie und Technik, Teil IV, von P. Kahlig
Band 18	Standardprogramme der Netzwerkanalyse für BASIC-Taschencomputer (CASIO), von D. Lange
Band 19	Statistik für programmierbare Taschenrechner (AOS), von J. Bruhn
Band 20	Maschinenelemente für AOS-Rechner, Teil II: Antriebselemente und Elemente der Stoffübertragung, von H. Nahrstedt
Band 21	Statistik für programmierbare Taschenrechner (UPN), von J. Bruhn
Band 22	Der HP-41 C in Handwerk und Industrie, von K. Kraus

Anwendung programmierbarer Taschenrechner

Band 19

Jörn Bruhn

Statistik für programmierbare Taschenrechner (AOS)

Mit 56 Programmen und Programmvarianten

Friedr. Vieweg & Sohn Braunschweig / Wiesbaden

CIP-Kurztitelaufnahme der Deutschen Bibliothek

Bruhn, Jörn:
Statistik für programmierbare Taschenrechner
(AOS): mit 56 Programmen u. Programmvarianten/
Jörn Bruhn. – Braunschweig; Wiesbaden:
Vieweg, 1983.
(Anwendung programmierbarer Taschenrechner;
Bd. 19)
ISBN 978-3-528-04226-4 ISBN 978-3-322-96317-8 (eBook)
DOI 10.1007/978-3-322-96317-8
NE: GT

1983

Satz: Friedr. Vieweg & Sohn, Wiesbaden

ISBN 978-3-528-04226-4

Vorwort

Bei der Planung und Auswertung naturwissenschaftlicher und technischer Versuche sowie sozialwissenschaftlicher Untersuchungen werden wesentlich statistische Verfahren eingesetzt. Mit diesen Verfahren ist oft ein erheblicher Rechenaufwand verbunden, der sich allein mit Papier und Bleistift oft nur mühevoll abwickeln läßt. Andererseits hat aber nicht jeder Zugang zu einem Rechenzentrum und ist auch der Einsatz einer größeren EDV-Anlage nicht bei jeder statistischen Problemstellung zu rechtfertigen. Hier können elektronische Taschenrechner eine wichtige Unterstützung bieten. Dies gilt insbesondere für programmierbare Modelle, bei denen die erstellten Programme auf Magnetkarten oder Bandkassetten gespeichert werden können. Die einmal aufgezeichneten Programme stehen dann jederzeit zur Verfügung.

- Benutzer können die angegebenen Programme auf ihre Taschenrechner übertragen und Daten auswerten.
- Sie können anhand der Erläuterungen der Programme verfolgen, wie statistische Formeln und Algorithmen in Befehlsfolgen übertragen werden, wie Daten gespeichert, verarbeitet und wieder abgerufen werden.
- Sie können sich dazu anregen lassen, benötigte Formeln und Verfahren selbständig zu programmieren.

Die in den Programmen verwendeten Befehle sind auf den Rechner TI 58/59 der Firma Texas Instruments abgestimmt. Die Programme laufen aber praktisch ohne Änderung auf fast allen Rechnern mit algebraischer Logik mit Hierarchie (AOS und ALH). Daher wurde auch auf spezielle Soft-ware kein Bezug genommen. Es sei aber betont, daß sich die Anschaffung in vielen Fällen lohnt, weil sie eine große Zahl von zusätzlichen Möglichkeiten eröffnet und das Programmieren einfacher macht.

Voraussetzung für eine angemessene statistische Datenauswertung ist die richtige Auswahl der benutzten Methoden und die Interpretation der erhaltenen Ergebnisse. Daher werden in einem gewissen Umfang die theoretischen Hintergründe dargestellt und an ausgewählten Beispielen erläutert.

Das Buch erhebt keinen Anspruch auf Vollständigkeit. Dies ist auch wegen der zahlreichen statistischen Verfahren kaum möglich. Ein umfangreiches Literaturverzeichnis ermöglicht aber weitergehende Studien.

Bei der Erstellung der Konzeption des Buches hat Herr OStD Dr. habil. Hermann Athen tatkräftig mitgearbeitet. Am 3. September 1981 riß ihn der Tod plötzlich und unerwartet mitten aus dem Schaffen heraus. Seinem Andenken ist dieses Buch gewidmet. Mein besonderer Dank gilt Herrn Prof. Dr. H.H. Gloistehn, der zahlreiche Anregungen gegeben hat.

Dem Verlag Vieweg, insbesondere Herrn M. Langfeld, möchte ich herzlich danken für die Geduld und die Beratung bei der Erstellung des Manuskriptes. Hinweise auf Verbesserungen und Ergänzungen, Anregungen aller Art nehme ich stets dankbar entgegen.

J. Bruhn

2200 Elmshorn, Roggenweg 6

Inhaltsverzeichnis

0 Einleitung

Zu einer vollständigen statistischen Untersuchung gehören:

(1) Formulierung des Problems und der daraus resultierenden Fragen und Hypothesen,

(2) Planung und Beschreibung des Untersuchungsplans,

(3) Ausführung des Experiments bzw. der statistischen Erhebung,

(4) Tabellierung und Beschreibung der empirischen Ergebnisse, Berechnung von Kennwerten,

(5) Schlußfolgerungen und Interpretationen.

Insbesondere mit den Schritten (4) und (5) ist oft ein erheblicher Rechenaufwand verbunden, der bei nicht zu aufwendigen Fragestellungen sinnvoll von einem programmierbaren Taschenrechner übernommen werden kann.

Das Modell TI-59 von Texas Instruments ist ein programmierbarer Taschenrechner mit eingebautem Magnetkartenleser zur Aufzeichnung der Programme. Der Taschenrechner verfügt über einen speziellen Programmspeicher, der es erlaubt, Programm- und Konstantenspeicherplätze ineinander umzuwandeln. Es stehen maximal 960 Programmschritte bzw. bis zu 100 Konstantenspeicher zur Verfügung. Zur Aufzeichnung der Eingabedaten, Ergebnisse und Programme kann ein Drucker angeschlossen werden.

Der TI-59 besitzt eine algebraische Rechenlogik mit Hierarchie. Dies bedeutet, daß Punkt- vor Strichrechnung ausgeführt wird. Damit entfällt teilweise die sonst notwendige Benutzung von Klammern. Der TI-59 verfügt über Konstantenspeicher, in denen man addieren, subtrahieren, multiplizieren und dividieren kann.

Durch den Befehl [Ind] ist eine indirekte Adressierung der Konstantenspeicher möglich. Mit dem TI-59 können Schleifen, Verzweigungen und Unterprogramme programmiert werden.

Der Anhang enthält eine Übersicht der einzelnen Funktionen des Tastenfeldes beim TI-58/59, soweit sie in den Programmen benutzt worden sind.

Bei der Programmierung sind nicht immer alle Möglichkeiten ausgeschöpft worden, um die Länge eines Programms klein zu machen. Die Übersichtlichkeit der Programme durch eine Art Modultechnik erschien wichtiger als die Einsparung von Programmschritten.

Die wichtigsten statistischen Verfahren werden in ihren Grundzügen dargestellt und anschließend in Programme für den Taschenrechner übertragen. Jede Programmdarstellung besteht aus fünf Teilen:

(1) **Grundsätzliche Bemerkungen zum Programm.**

(2) **Speicherbelegung.** Hier werden die benutzten Register und ihre Inhalte aufgeführt, so daß man einen Überblick über die benötigte Anzahl von Datenspeichern für das Gesamtprogramm und über deren Zuweisung erhält. Außerdem wird die Überprüfung von Zwischenwerten ermöglicht.

(3) **Auflistung des Programms.** Die Programme sind aus einzelnen kleineren Bausteinen zusammengesetzt, die durch sog. „Labels" (LBL) voneinander abgesetzt sind. Eine solche Markierung erleichtert das Verständnis der Grobstruktur eines Programms. Innerhalb der kleinen Programmblöcke sind die einzelnen Schritte aufgeführt und auf der rechten Seite näher erläutert. Die Erklärungen ermöglichen es, ein Programm wesentlich leichter zu analysieren, als wenn es nur die übliche Auflistung der Schritte gäbe.

(4) **Programmbedienung.** Welche Tasten müssen betätigt werden, um das Programm zu starten, Daten einzugeben, Ergebnisse abzurufen?

(5) **Beispiele.** Die Beispiele dienen einerseits zur Überprüfung, ob das Programm richtig eingegeben worden ist. Außerdem zeigen sie in typischen Anwendungssituationen, wo und wie man das entsprechende Verfahren einsetzt.

Da die Datenqualität von grundsätzlicher Bedeutung für die Auswahl der statistischen Verfahren ist, sind die Kapitel oder Abschnitte nach Verfahren für intervallskalierte, rangskalierte und nominalskalierte Daten aufgegliedert.

1 Daten und ihre Darstellung

1.1 Aufgaben der Statistik

In fast allen Bereichen wächst die Notwendigkeit, statistische Verfahren mit ihren Voraussetzungen und Modellannahmen zu kennen. Dies gilt sowohl für diejenigen, die Entscheidungsgrundlagen in irgendeinem Bereich beurteilen wollen, als auch für diejenigen, die selbst bestimmte Forschungsvorhaben planen oder vorgegebene Daten auswerten wollen. Statistik ermöglicht

- eine Analyse von Zusammenhängen,
- eine übersichtliche Darstellung von Daten,
- eine Beschreibung von Datenmengen durch Kenngrößen,
- Schlüsse von der Grundgesamtheit auf eine Stichprobe und umgekehrt,
- begründete Vorhersagen.

Die mathematische Statistik ist aber nur ein Teil des Prozesses, bei dem es darum geht, durch eine angemessene Bearbeitung der Daten die Interpretation und Schlußfolgerungen zu ermöglichen. Deshalb werden im folgenden nicht nur die Verfahren, sondern auch die zugrunde liegenden Modellannahmen und Voraussetzungen erläutert, die beachtet werden müssen, wenn die Statistik herangezogen werden soll.

Die *beschreibende (deskriptive) Statistik* wird verwendet beim Ordnen, Aufbereiten und Darstellen von Daten. Sie ermöglicht also, Daten übersichtlich zu organisieren, zusammenzufassen und weiterzuvermitteln. Verwendet werden dazu statistische Kennwerte, die eine größere Menge von Daten charakterisieren: Mittelwerte (arithmetisches Mittel, Modalwert, Median) und Streuungsmaße (Standardabweichung, Quartilabstand, Variabilitätskoeffizient).

Die *schließende (Interferenz-)Statistik* wird verwendet, um zu Schlußfolgerungen zu gelangen, die über die direkt vorhandenen Daten hinausgehen. Diese Schlußfolgerungen beziehen sich z.B. auf das Schätzen von Parametern der Grundgesamtheit oder auf das Testen von Hypothesen aufgrund von Informationen, die man aus der Stichprobe zieht.

Die interferenzstatistischen Methoden können in zwei große Bereiche unterteilt werden, in die parametrischen (verteilungsabhängigen) und die nicht-parametrischen (verteilungsunabhängigen, verteilungsfreien) Verfahren. Zu den ersteren gehören u.a. Produkt-Moment-Korrelation, t-Test, Varianzanalyse, Faktoranalyse. Sie können nur bei Daten angewendet werden, die hinreichend strengen Voraussetzungen genügen. Die nicht-parametrischen Verfahren umfassen z.B. die Chi-Quadrat-Methode, den Vorzeichentest und viele auf Ranginformation beruhende Analysen. Sie setzen weniger Annahmen über die Qualität der Daten voraus als verteilungsabhängige Tests.

Bei der Entscheidung, ob parametrische oder nicht-parametrische Verfahren angewendet werden sollen, können einige Regeln helfen:

- Wenn der Umfang der Stichproben kleiner als 7 ist, sind im allgemeinen nur verteilungsunabhängige Verfahren anwendbar.
- Wenn die Daten aus verschiedenen Grundgesamtheiten stammen, sind im allgemeinen nur verteilungsunabhängige Verfahren geeignet.
- Wenn die Daten nur rangskaliert oder nominalskaliert sind, müssen verteilungsunabhängige Verfahren angewendet werden.
- Wenn man eine schnelle Analyse mit geringem Rechenaufwand benötigt, wendet man im allgemeinen nicht-parametrische Verfahren an, verschenkt jedoch ggf. Informationen.

1.2 Darstellung von Daten

Ausgangspunkt der beschreibenden Statistik sind Objekte mit gemeinsamen Merkmalen. Solche Objekte heißen *Merkmalsträger*. Ein *Merkmal* realisiert sich bei einem Merkmalsträger durch seine *Ausprägung*. Sind die Ausprägungen eines Merkmals Zahlen oder Größen, dann heißt das Merkmal quantitativ, sonst qualitativ.

Beispiel: Die Schülerinnen und Schüler einer bestimmten Schule sind Merkmalsträger. Merkmale sind z.B. Alter, Geschlecht, Klassenstufe, Körpergewicht, Konfession. Merkmalsausprägung sind z.B. 14 Jahre, weiblich, Klasse 8, 42 kg, evangelisch. Die Merkmale „Alter", „Gewicht" sind quantitative Merkmale; die Merkmale „Geschlecht", „Konfession" sind qualitative Merkmale. ■

Haben in einer Grundgesamtheit mit n Merkmalsträgern genau f_i von ihnen dieselbe Merkmalsausprägung x_i, so heißt f_i die *absolute Häufigkeit* oder *Besetzungszahl* von x_i.
Die Zahlen

$$h_i = \frac{1}{n} f_i$$

heißen *relative Häufigkeiten*. Oft werden anstelle relativer Häufigkeiten prozentuale relative Häufigkeiten benutzt:

$$h_i' = 100\, h_i\, \%\ .$$

Die graphische Darstellung der Punkte $(x_i; f_i)$ bzw. (x_i, h_i) heißt *Häufigkeitsdiagramm*. Werden zur Erhöhung der Anschaulichkeit Strecken von den Punkten bis zur ersten Achse gezeichnet, dann entsteht ein *Stabdiagramm*. Statt der absoluten Häufigkeiten können auch die relativen Häufigkeiten aufgetragen werden.

Beispiel: Bei 121 Familien ergab sich für die Kinderzahl folgende Häufigkeitsverteilung:

Kinderzahl x_1	Besetzungszahl f_i	relative Häufigkeit h_i	prozentuale relative Häufigkeit
1	22	0,182	18,2 %
2	33	0,273	27,3 %
3	46	0,380	38,0 %
4	17	0,140	14,0 %
5	3	0,025	2,5 %
	$\Sigma f_i = 121$*	$\Sigma h_i = 1{,}000$*	$\Sigma h_i' = 100\,\%$*

* Der griech. Buchstabe Σ (gelesen sigma) bedeutet Summe.

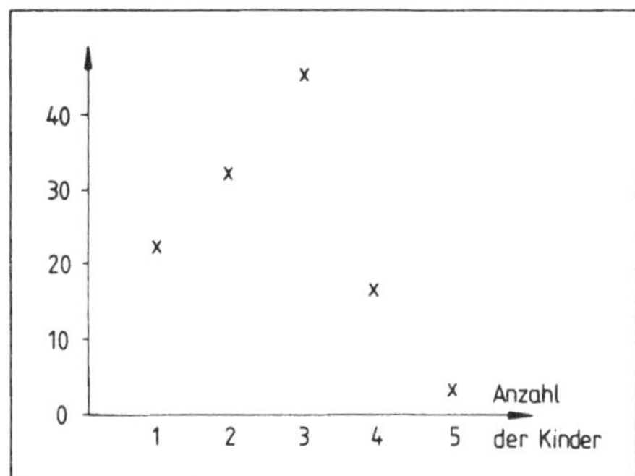

Abb. 1 Häufigkeitsdiagramm

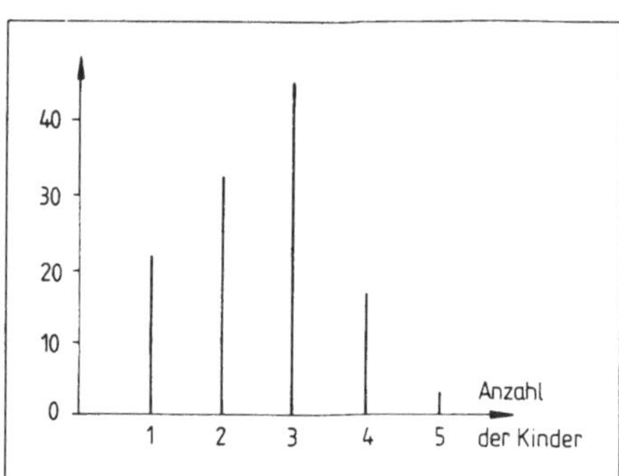

Abb. 2 Stabdiagramm

Häufigkeitsverteilungen werden nach der ungefähren Form ihrer Häufigkeitsdiagramme bezeichnet. Dabei sind folgende Bezeichnungen üblich:

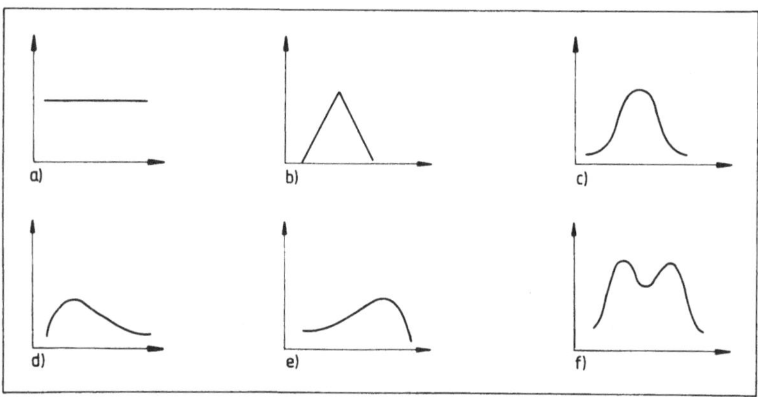

Abb. 3 Bezeichnungen von Häufigkeitsverteilungen. a) rechteckig, b) dreieckig, c) glockenförmig, d) rechtsschief, e) linksschief, f) zweigipflig (bimodal)

Die Anzahl der Merkmalsträger, bei denen die Ausprägungen des Merkmals höchstens gleich x_i sind, ist

$$f_{ci} = f_1 + f_2 + \ldots + f_i .$$

Die f_{ci} heißen *kumulierte absolute Häufigkeiten* oder kumulierte Besetzungszahlen. Die kumulierten relativen Häufigkeiten sind

$$h_{ci} = \frac{1}{n} f_{ci} .$$

Programm *Kumulierte Häufigkeitsverteilung*

Das Programm addiert die eingegebenen Häufigkeiten zur kumulativen Häufigkeit auf und druckt diese aus.

Programmschritte:

Programm-speicherplatz	Befehl	Erläuterung
000 bis 011	LBL A CLR LBL STO R/S Prt + Prt Adv GTO STO	 Löschen der Anzeige Eingabe: f_i Ausgabe: f_{ci}

Programmbedienung:

(1) Programm in den Rechner eingeben.

(2) Programm mit Taste [A] starten.
Eingabe der Werte f_i; nach jeder Eingabe [R/S] betätigen.

Beispiel: Für das vorangehende Beispiel ergibt sich:

```
A    22.   f1
     22.   fc1

     33.   f2
     55.   fc2

     46.   .
    101.   .

     17.
    118.

      3.   f5
    121.   fc5
```

f_i (eingegebene) Häufigkeiten
f_{ci} (berechnete) kumulierte Häufigkeiten

■

1.3 Klassierung von Daten

Besteht eine Stichprobe aus sehr vielen verschiedenen Werten, so gruppiert man diese in Klassen, d.h. in aneinander anschließende Intervalle. Aus Zweckmäßigkeitsgründen wählt man für die Klassenmitten im allgemeinen einfache Zahlen und die Klassenbreite möglichst gleich lang. Die Anzahl der Klassen sollte nicht kleiner als 5 und, um die Übersichtlichkeit zu gewähren, nicht größer als 20 sein. Fällt eine Merkmalsausprägung x_i auf eine Klassengrenze, so wird sie im allgemeinen zur rechten Klasse gezählt.

Programm *Klassenhäufigkeit*

In einem Unterprogramm (Subroutine) wird die Zugehörigkeit eines Wertes x_i zu einer Klasse bestimmt, indem man zuerst die Differenz von x_i und der untersten Klassengrenze x_{min} bildet. Von dieser Differenz und der Klassenbreite h wird der Quotient errechnet. Nach Addition von 0,5 wird der ganzzahlige Anteil gebildet. Dies gibt die Klassennummer an. Zu diesem Wert wird noch 7 addiert, so daß Speicher 08 der untersten Klasse, Speicher 09 der zweituntersten Klasse usw. entspricht. Die Zuweisung der Häufigkeiten zu den Klassen erfolgt durch indirekte Adressierung: Die berechnete Speicheradresse wird in M 00 zwischengespeichert und ist die Adresse des Speichers, dessen Inhalt um 1 erhöht werden soll.

Speicherbelegung:

M 00 := x_i	M 01 := Σx_i	M 04 := x_{max}
M 05 := h	M 06 := x_{min}	M 07 := Anzahl der Klassen
M 08 := Klasse 1	M 02 := Klasse 2	M 10 := Klasse 3 usw.

Die Speicher M 01, M 02, M 03 sind frei gelassen worden, um gleichzeitig statistische Kennwerte berechnen zu können.

Programmbedienung

(1) Programm in den Rechner eingeben.

(2) Programm mit [A] starten.
Eingabe der unteren Grenze: x_{min}
Eingabe der obereren Grenze: x_{max}
Eingabe der Anzahl der Klassen: k
Anschließend Eingabe der Daten x_i

(3) Taste [B] betätigen. Ausgedruckt werden die Klassen und die zugehörigen Besetzungszahlen.

Beispiel:

A
```
 0.   x_min
50.   x_max
 5.   Anzahl der Klassen
```

Eingabe der Werte

```
23.   25.
17.   29.
45.   30.
 8.    5.
31.    5.
49.   33.
27.   43.
16.   13.
12.   26.
 4.   36.
26.   31.
```

B
```
 0.  } Klasse 1
10.  }
 4.   f1

10.  } Klasse 2
20.  }
 4.   f2

20.  } Klasse 3
30.  }
 6.   f3

30.  } Klasse 4
40.  }
 5.   f4

40.  } Klasse 5
50.  }
 3.   f5
```

■

Programmschritte:

Programm-speicherplatz	Befehl	Erläuterung
000 bis 025	LBL Int RCL 00 – RCL 06 = : RCL 05 + 7.5 = FIXO EE INV EE INV FIX STO 00 INV SBR	Subroutine zur Bestimmung der Klassennummer $(x_i - x_{min})$: h + 0,5 ≙ Klassennummer + 7 ≙ Speichernummer
026 bis 043	LBL C R/S STO 00 Prt SBR Int 1 SUM Ind 00 RCL 00 – 7 = GTO C	Berechnung und Speicherung der Besetzungs-zahlen der Klassen Eingabe: x_i Die Besetzungszahl der errechneten Klasse wird um 1 erhöht Anzeige der Klassennummer
044 bis 075	LBL A CMs Adv CLR R/S STO 06 Prt R/S STO 04 Prt R/S STO 07 Prt RCL 04 – RCL 06 = : RCL 07 = STO 05 Adv GTO C	Startroutine Löschen der Speicher Eingabe: x_{min}; M 06 := x_{min} Eingabe: x_{max}; M 04 := x_{max} Eingabe: Anzahl der Klassen K } Berechnung der Klassenbreite
076 bis 106	LBL B Adv 8 STO 00 LBL B' Adv RCL 06 Prt RCL 06 + RCL 05 = Prt STO 06 RCL Ind 00 Prt[1)] 1 SUM 00 Dsz 7 B' C'	Ausgabe der Klassenbesetzungszahlen Vorbereitung von M 00 für indirekte Adressierung Abrufschleife Anzahl der Klassen
107 bis 121	LBL C' RCL 04 – RCL 06 = : RCL 05 = STO 07 INV SBR	Wiederaufladen von M 07 nach Dsz } Anzahl der Klassen

[1)] Ist kein Drucker angeschlossen, ist hier und entsprechend in den folgenden Programmen statt des Druckbefehls [Prt] ein Stop [R/S] zu programmieren.

Die Häufigkeitsverteilung kann im Falle klassierter Daten durch ein Histogramm dargestellt werden. Ein Histogramm besteht aus Rechtecken über den Intervallen, deren Flächeninhalt den Klassenhäufigkeiten proportional ist. Der Streckenzug, der die Mitten der oberen Rechteckseiten verbindet, heißt Häufigkeitspolygon.

Beispiel: Für die monatlichen Nettoeinkommen der Arbeiter und Angestellten eines Betriebes ergab sich

Einkommen in DM	Klassenhäufigkeit
500 bis (unter) 1500	31
1500 bis (unter) 2500	69
2500 bis (unter) 3500	73
3500 bis (unter) 4500	28
4500 bis (unter) 5500	6

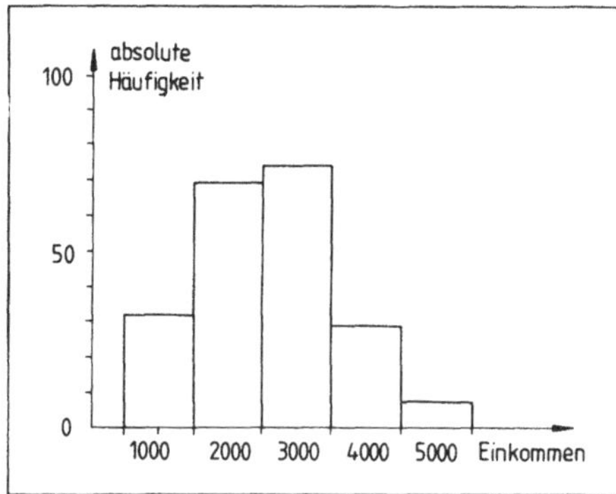

Abb. 4 Histogramm

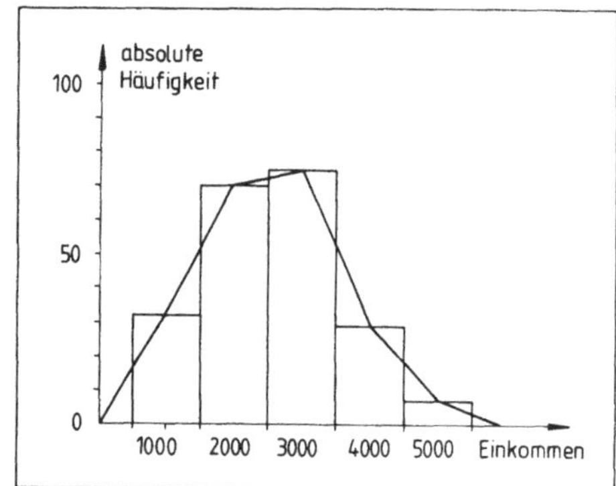

Abb. 5 Häufigkeitspolygon ■

1.4 Statistische Skalen

Die angemessene Verwendung statistischer Verfahren hängt wesentlich von der *Qualität* der zu verarbeitenden Daten ab. Die statistischen Daten werden nach Skalenarten klassifiziert. Man unterscheidet dabei:

- nominalskalierte Daten
- ordinalskalierte Daten
- intervallskalierte Daten

Nominalskalierte Daten entstehen durch Zuordnungen zu nicht geordneten Klassen. Beispielsweise sind die beiden Ausprägungen für das Merkmal „Geschlecht": männlich bzw. weiblich. Die beiden Klassen weisen gegeneinander keine Rangordnung auf.

Bei Nominalskalen müssen den Daten Kategorien zugeordnet werden können, die sich gegenseitig ausschließen. Nominalskalierte Daten findet man häufig in den Sozialwissenschaften. Sie werden verwendet, um soziobiographische Angaben von Personen wie Geschlecht, Rasse, politische Zugehörigkeit, Beruf, Ehestand, Nationalität usw. zu erfassen.

Auch wenn z.B. auf Fragebogen diesen Klassen Zahlen zugeordnet werden, wie männlich 01, weiblich 02, so entsteht dadurch keine Rangordnung.

Ordinalskalierte Daten (Rangdaten) stehen in einer gewissen Ordnungsrelation untereinander. Diese zeigt an, ob etwas größer oder kleiner, schwerer oder leichter oder ob irgend etwas mehr oder weniger vorhanden ist.

Ordinalskalen trifft man in den Sozialwissenschaften häufig an. Beispielsweise lassen sich die Qualifikationen „ohne Schulabschluß", „mit Hauptschulabschluß", ..., „mit Hochschulabschluß" in eine Rangordnung bringen. Die Merkmalsausprägungen sind in einer bestimmten Hinsicht geordnet, und entsprechend ihrer Ordnung lassen sich ihnen Zahlen zuordnen. Die Abstände zwischen den Zahlen bzw. die Verhältnisse der Zahlen zueinander sind im allgemeinen nicht vergleichbar. Wird z.B. den Qualifikationen „mit Hauptschulabschluß" die Zahl 1 und „mit Realschulabschluß" die Zahl 2 zugeordnet, so folgt daraus nicht, daß der Realschulabschluß eine doppelt so große Qualifikation bedeutet usw.

Die wohl bekannteste Ordinalskala ist die Zensurenskala. Sie reicht von 1 bis 6, wobei die Zahlen lediglich Informationen über besser oder schlechter eingeschätzte Leistungen ergeben. Bei dieser Skala kann man prinzipiell nicht davon ausgehen, daß der Abstand zwischen 2 (gut) und 3 (be-

Tabelle: Übersicht über die verschiedenen Skalentypen

	Nominalskala	Ordinalskala	Intervallskala
Beispiele	Farben Parteizugehörigkeit Psychologische Typen	Windstärke Härteskala Dienstränge Schulnoten	Temperatur (Celsius) Kalenderzeit Intelligenzquotient Teststandardwerte
Relationen	Gleich = Ungleich ≠	Zusätzlich zur Nominalskala: größer $>$ kleiner $<$	Zusätzlich zur Ordinalskala: Intervalle und Differenzen
Statistische Kenngrößen	Absolute und relative Häufigkeiten, Modus	Zusätzlich zur Nominalskala: Prozentile, Median, Mittlerer Quartilabstand	Zusätzlich zur Ordinalskala: Arithmetische Mittel, Standardabweichung
Korrelationen	Vier-Felder Koeffizienten	Zusätzlich zur Nominalskala: Rangkorrelationen	Zusätzlich zur Ordinalskala: Produkt-Moment Korrelationen
Statistische Tests	Bestimmte nicht-parametrische Verfahren	Fast alle nicht-parametrischen Verfahren	Alle nicht-parametrischen und parametrischen Verfahren

friedigend) genau so groß ist, wie der beispielsweise zwischen 4 (ausreichend) und 5 (mangelhaft). Vielmehr kann man nur die Beziehung aufstellen „2 besser 3" und „4 besser 5" usw. Die Zensurenskala täuscht durch die Verwendung der Zahlen leicht eine höhere Skalenqualität vor. Ob der leistungsmäßige Unterschied zwischen einer 1 und einer 2 bzw. einer 4 und einer 5 gleich groß ist, darüber gibt die Zensurenskala keine Auskunft, wie es für eine höhere Skalenqualität erforderlich wäre.

Intervallskalierte Daten liegen vor, wenn die Abstände (Intervalle) zwischen zwei beliebigen Skalenwerten bekannt sind. Erst wenn diese Datenqualität vorliegt, sind arithmetische Operationen, wie z.B. Addition und Subtraktion, sinnvoll. Intervallskalierte Daten können linear transformiert werden. Temperaturskalen, Kalenderzeit, Standardtestwerte sind beispielsweise intervallskaliert.

Intervallskalen, bei denen zusätzlich ein „natürlicher" Nullpunkt festliegt, nennt man *Rationalskalen* (Verhältnisskalen). Dazu gehören beispielsweise Alter, Gewicht, Größe usw. Bei Rationalskalen verwendet man im wesentlichen dieselben Verfahren wie bei Intervallskalen. Dieser Datentyp wird daher im folgenden nicht gesondert betrachtet.

In der Statistik kann man davon ausgehen, daß die Daten eine bestimmte Qualität haben. Das Bestimmen dieser Qualität ist Aufgabe der Forschungsmethoden. Die Qualität der Daten bestimmt die anwendbaren statistischen Methoden. Die Methoden, die für ein niedrigeres Skalenniveau geeignet sind, können stets auch auf Daten mit höherer Qualität angewendet werden. Dadurch wird häufig der mathematische Aufwand verringert; doch auch die Information, die man dann entnehmen kann, verringert sich. Umgekehrt dürfen die Methoden, die für ein höheres Skalenniveau bestimmt sind, nicht auf Daten mit niedrigerer Qualität angewendet werden.

Einige wichtige Verfahren zur Gewinnung von Skalen in den Sozialwissenschaften werden im Anhang dargestellt.

2 Mittelwerte

Zur Charakterisierung einer Stichprobe, die z.B. aus den Merkmalswerten einer statistischen Erhebung oder aus einer Folge von Meßwerten besteht, bedient man sich bestimmter Kenngrößen, die man als **statistische Maßzahlen** oder als **statistische Kennwerte** bezeichnet. Mit Hilfe einer solchen Maßzahl kann man die Datenfolge durch einen einzigen Wert charakterisieren und somit eine Beschreibung und einen Vergleich verschiedener Folgen, die dasselbe Merkmal betreffen (z.B. Körpergröße, Montageleistung, Bearbeitungszeit, Umsatz, Einkommen usw.) ermöglichen.

Die wichtigste Maßzahl ist der **Mittelwert.** In der Praxis werden benutzt:

- Arithmetisches Mittel $\bar{x}$,
- Median oder Zentralwert $\tilde{x}$,
- Mode (Dichtemittel, häufigster Wert) D,
- Geometrisches Mittel x_G

Welcher Mittelwert im einzelnen bei einer statistischen Untersuchung heranzuziehen ist, hängt jeweils von dem zu untersuchenden Merkmal, von der Skalenqualität der Daten und vom Untersuchungszweck ab.

2.1 Mittelwerte bei Intervallskalen

2.1.1 Arithmetisches Mittel

Das arithmetische Mittel von Merkmalswerten ist der in der statistischen Praxis am häufigsten benutzte Mittelwert. Es findet Anwendung z.B. bei der Berechnung des durchschnittlichen Materialverbrauchs, bei der Ermittlung des durchschnittlichen Monatslohnes von Arbeitern, der Durchschnittsgröße von Personen, bei der Berechnung des Durchschnitts von technischen und naturwissenschaftlichen Meßwerten usw.

Das arithmetische Mittel sollte nur bei intervallskalierten Daten verwendet werden. Es ist sinnvoll, es nur dann zu benutzen, wenn die Daten näherungsweise glockenförmig verteilt sind.

Faßt man die n Werte x_i $(i = 1, 2, \ldots, n)$ als eine Stichprobe aus einer Grundgesamtheit X auf, so kann man das arithmetische Mittel $\bar{x}$ der Stichprobe als eine Schätzung des Mittelwerts der Grundgesamtheit ansehen.

Arithmetisches Mittel aus Einzelwerten. Der arithmetische Mittelwert aus n Einzelwerten $x_1, x_2, \ldots, x_n$ ergibt sich aus der Summe der Merkmalswerte dividiert durch ihre Anzahl:

$$\text{Arithmetischer Mittelwert } \bar{x} = \frac{x_1 + x_2 + \ldots + x_n}{n} = \frac{1}{n} \sum_{i=1}^{n} x_i \;^{*)} .$$

---

*) Das Zeichen $\sum_{i=1}^{n} x_i$ wird gelesen: Summe der Daten x_i von $i = 1$ bis $i = n$. Also:

$$\sum_{i=1}^{10} x_i = x_1 + x_2 + x_3 + \ldots + x_9 + x_{10} .$$

Die einfachste Methode zur Berechnung des arithmetischen Mittelwertes ist die Addition der Einzelwerte über die [+]-Taste und die anschließende Division der Summe durch die Anzahl n:

x_1 [+] x_2 [+] x_3 [+] ... [+] x_n [=] [:] n [=]

Diese Art der Berechnung ist aber nur bei wenigen Werten angebracht.

Bei vielen Werten ist es sinnvoll, wenn die Verarbeitung automatisch über ein Programm erfolgt, wobei die Einzelwerte mitgezählt werden.

Hierdurch besteht – bei bekanntem n – die Möglichkeit einer nachträglichen Kontrolle, ob alle Werte auch wirklich eingegeben wurden.

Programm *Arithmetisches Mittel aus Einzeldaten*

Das Programm berechnet für Einzeldaten das arithmetische Mittel. Es benutzt nicht die speziellen Möglichkeiten, die die $\bar{x}$-Taste (z.B. TI-58/59) bietet. Es kann daher leicht auf andere Taschenrechner übertragen werden.

Speicherbelegung:

M 01 := Σx_i M 02 := x_i M 03 := Σ i

Programmschritte:

Programm-speicherplatz	Befehl	Erläuterung
000 bis 004	LBL CLR CMs CLR INV SBR	Startroutine Löschen der Speicher und Register Ende der Startroutine
005 bis 023	LBL A SBR CLR LBL SUM R/S Prt STO 02 SUM 01 1 SUM 03 RCL 03 GTO SUM	Eingabe der Werte Aufruf der Startroutine Anfang der Eingabeschleife Eingabe x_i, x_i wird gedruckt x_i wird im Speicher 01 addiert (Σx_i) Speicherinhalt von 03 wird bei jedem Durchgang um 1 erhöht Ende der Eingabeschleife
024 bis 034	LBL C RCL 01 : RCL 03 = Prt Adv R/S	Berechnen des arithmetischen Mittels Ende des Programms
035 bis 050	LBL A' RCL 02 +/– Prt SUM 01 1 INV SUM 03 RCL 03 GTO SUM	Korrekturschleife

Programmbedienung:

(1) Programm in den Rechner einlesen.
(2) Programm mit Taste [A] starten.
(3) Eingabe der Einzeldaten: Nach jedem eingegebenen Wert [R/S] betätigen.
(4) Abruf vom arithmetischen Mittel durch Taste [C].

Fehlerkorrektur: Nach der falschen Eingabe: Unterprogramm durch [A'] starten.

Für eine weitere Berechnung $\bar{x}$ aus einer anderen Meßreihe oder statistischen Erhebung muß das Programm wieder mit [A] begonnen werden.

Beispiele:

A	4.	x_1
	6.	x_2
	8.	x_3
	9.	x_4
C	6.75	$\bar{x}$

A	4.	
	6.	
	8.	
	10.	falsch eingegebener Wert
A'	-10.	
	9.	
C	6.75	

■

Arithmetisches Mittel aus klassierten Daten. Liegen die Daten bereits in Klassen eingeteilt vor, so läßt sich das arithmetische Mittel aller Werte nach folgender Gleichung ermitteln:

$$\bar{x} = \frac{x_{M1} \cdot f_1 + x_{M2} \cdot f_2 + \ldots + x_{Mk} \cdot f_k}{f_1 + f_2 + \ldots + f_k} = \frac{\sum_{i=1}^{k} x_{Mi}\, f_i}{\sum_{i=1}^{k} f_i}$$

Dabei bedeuten:

$x_{M1}, x_{M2}, \ldots$	Klassenmitten der 1., 2., ... Klasse
$f_1, f_2, \ldots$	Häufigkeiten der Werte in der 1., 2., ... Klasse
$f_1 + f_2 + \ldots + f_k$	Summe der Häufigkeiten in allen k Klassen
n	Gesamtzahl aller Werte: $n = f_1 + f_2 + \ldots + f_k$
k	Anzahl der Klassen

Die Klassenmitte wird dabei als das arithmetische Mittel aus unterer und oberer Klassengrenze berechnet.

Programm *Arithmetisches Mittel aus klassierten Daten*

Das Programm ist so ausgelegt, daß für jede Klasse die Klassenmitte sowie die Häufigkeit einzugeben sind. Die Produkte $x_{Mi}\, f_i$ werden automatisch addiert und die Summe nach Eingabe der Daten durch die Anzahl aller Werte ($n = \Sigma f_i$) dividiert.

Speicherbelegung:

M 00 := x_i M 01 := $\Sigma f_i x_i$ M 03 := Σf_i

Programmschritte:

Programm-speicherplatz	Befehl	Erläuterung
000 bis 005	LBL CLR CMs Adv CLR INV SBR	Startroutine
006 bis 028	LBL B SBR CLR LBL STO R/S Prt STO 00 R/S Prt SUM 03 X RCL 00 = SUM 01 Adv GTO STO	Eingaberoutine Aufruf der Startroutine Eingabeschleife Eingabe: x_i; $M_0 := x_i$ Eingabe: f_i; $M_3 := \Sigma f_i$ Ende der Eingabeschleife
029 bis 039	LBL C RCL 01 : RCL 03 = Prt Adv R/S	Berechnung des arithmetischen Mittels Ausgabe: $\overline{x}$; Programmende

Programmbedienung:

(1) Programm in den Rechner einlesen.

(2) Programm mit Taste [B] starten.
Eingabe der Klassenmitten: nach jedem Wert [R/S] betätigen.
Eingabe der Häufigkeiten: nach jedem Wert [R/S] betätigen.

(3) Abruf des arithmetischen Mittels durch [C].

Beispiel: Zur Kontrolle der Produktion wurde die Brenndauer von Projektionslampen untersucht. Es ergab sich:

Brenndauer in Stunden	Klassenmitte x_{Mi}	Häufigkeit f_i
0 bis 50	25	3
über 50 bis 100	75	8
über 100 bis 150	125	50
über 150 bis 200	175	112
über 200 bis 250	225	124
über 250 bis 300	275	68
über 300 bis 350	325	24
über 350 bis 400	375	8
über 400 bis 450	425	10
über 450 bis 500	475	2

Der Mittelwert beträgt $\overline{x} = 217{,}9$ Stunden ■

Mittelwert bei annähernd gleichen Daten. Oftmals unterscheiden sich bei der Ermittlung des arithmetischen Mittels die Einzelwerte nur in den letzten Stellen.

Beispiel: Messungen mit einer Digitalwaage

Auf eine Analysenwaage wird ein 1 kg-Gewichtsstück aufgelegt, und es werden 8 wiederholte Ablesungen gemacht. Es ist das arithmetische Mittel der 8 Einzelwerte zu berechnen.

Nr.	x_i (g)	Nr.	x_i (g)
1	996,912	5	996,909
2	996,909	6	996,905
3	996,898	7	996,904
4	996,908	8	996,898

Bei der Berechnung von $\bar{x}$ müßten für alle 8 Einzelwerte die ersten Stellen 996, ... jeweils erneut eingegeben werden, wenn man die direkte Methode z.B. nach Programm *Arithmetisches Mittel* anwendet. Einfacher ist es, wenn man nur den Mittelwert der Abweichungen von 996 g, also nur von den Nachkommastellen, bildet.

Nach dem Programm *Arithmetisches Mittel aus Einzeldaten* erhält man für den Mittelwert von .912, .909, .898, ...

$$\bar{x} = .905375$$

Also ist der Mittelwert der Messungen des 1 kg-Gewichtsstückes

$$\bar{g} = (996 + 0{,}905375)\text{ g} \approx 996{,}905\text{ g}$$

■

2.1.2 Geometrisches Mittel

Bei zahlreichen statistischen Erhebungen erhält man nicht eine symmetrische glockenförmige Verteilung, sondern eine schiefe Verteilung (s. Abb. 3).

Eine schiefe Verteilung kann insbesondere dann angenommen werden, wenn die Daten sich über einen großen Bereich von mehreren Zehnerpotenzen erstrecken, wie z.B. bei der Bestimmung des Einkommens, bei der Keimzahlbestimmung in Lebensmitteln. In diesem Fall wird statt des arithmetischen Mittels das geometrische Mittel benutzt.

Eine weitere Anwendung des geometrischen Mittels liegt in der Berechnung des durchschnittlichen Wachstumstempos oder der mittleren Zuwachsrate von zeitlichen Entwicklungen.

Der geometrische Mittelwert x_G von n Einzelwerten ist gleich der n-ten Wurzel aus dem Produkt aller n Einzelwerte x_1 bis x_n:

$$x_G = \sqrt[n]{x_1 \cdot x_2 \cdot \ldots \cdot x_n}\ .$$

Dabei ist zu beachten, daß alle Werte größer als Null sein müssen.

Zwischen dem arithmetischen und dem geometrischen Mittel besteht die Beziehung

$$x_G \leqslant \bar{x}\ .$$

Programm *Geometrisches Mittel*

Das Programm ähnelt dem zur Berechnung des arithmetischen Mittelwertes. Im Speicher 01 werden die Werte multipliziert. Dazu muß zu Beginn des Programms der Speicher mit 1 belegt werden.

Das Unterprogramm [C'] umfaßt die Berechnung der n-ten Wurzel aus dem gebildeten Produkt.

Speicherbelegung:

M 01 := Πx_i *)   M 03 := Σ i = n

Programmschritte:

Programm-speicherplatz	Befehl	Erläuterung
000 bis 004	LBL CLR CMs CLR INV SBR	Startroutine Löschen der Register
005 bis 024	LBL B' SBR CLR 1 STO 01 LBL Prd R/S Prt Prd 01 1 SUM 03 RCL 03 GTO Prd	Eingaberoutine Aufruf der Startroutine M 01 := 1 Eingabeschleife Eingabe: x_i; M 01 := Πx_i M 03 := M 03 + 1 Bisherige Anzahl → Anzeige Rücksprung zu LBL Prd
025 bis 036	LBL C' RCL 01 y^x RCL 03 1/x = Prt Adv R/S	Berechnung des geometrischen Mittels Ausgabe: x_G; Papiervorschub

Programmbedienung:

(1) Programm einlesen.

(2) Programm starten mit [B'].
Eingabe der Werte: Nach jedem Wert [R/S] betätigen.

(3) Programm zur Berechnung des geometrischen Mittels mit [C'] starten.

Beispiele:

1) Der Umsatz eines Betriebes entwickelte sich von 1975 bis 1981 wie folgt:

1975...1976 Steigerung auf 110 % der Vorjahresleistung
1976...1977 Steigerung auf 104 % der Vorjahresleistung
1977...1978 Steigerung auf 103 % der Vorjahresleistung
1978...1979 Steigerung auf 106 % der Vorjahresleistung
1979...1980 Steigerung auf 106 % der Vorjahresleistung
1980...1981 Steigerung auf 102 % der Vorjahresleistung

Wie groß ist das durchschnittliche jährliche Wachstumstempo W?

*) Das Zeichen Πx_i wird gelesen: Produkt der x_i

Da das mittlere jährliche Wachstumstempo aus einer zeitlichen Entwicklung zu berechnen ist, wird das geometrische Mittel herangezogen. Dabei müssen anstelle der Prozentzahlen 110 %, 104 %, ... die entsprechenden Werte 1,10; 1,04; ... eingesetzt werden. Es ergibt sich:

$x_G = 1{,}051346$.

Das mittlere jährliche Wachstumstempo beträgt 105,13 %, das entspricht einer mittleren jährlichen Zuwachsrate von 5,13 %.

2) Gegeben sind 10 Wasserproben, von denen die Keimzahlen bestimmt worden sind:

$x_1 = 4095$ $x_6 = 62950$
$x_2 = 23840$ $x_7 = 2580$
$x_3 = 390$ $x_8 = 5940$
$x_4 = 160$ $x_9 = 2230$
$x_5 = 5780$ $x_{10} = 8160$

Da die Werte über einen großen Bereich streuen, verwendet man das geometrische Mittel. Man erhält: $x_G \approx 3794$. ■

Anmerkung: Das Produkt der 10 Einzelwerte ist gleich $6{,}10 \cdot 10^{35}$. Wäre eine größere Zahl von Meßwerten gegeben, so kann die Rechnerkapazität von 10^{99} überschritten werden, obwohl das geometrische Mittel den o.a. Wert hat. In diesem Fall ist es vorteilhafter, die Berechnung über die Addition von Logarithmen vorzunehmen. Es gilt:

$$\log x_G = \frac{1}{n} (\log x_1 + \log x_2 + \ldots + \log x_n) .$$

Ist $\log x_G$ so berechnet worden, dann wird durch [INV] [log] der Wert von x_G angegeben. Das Programm *Arithmetisches Mittel* kann durch Einschieben dieser Programmschritte leicht so umgestaltet werden, daß es auf diesem Weg das geometrische Mittel für beliebig viele Merkmalswerte bestimmt.

2.1.3 Harmonisches Mittel

Wenn die Beobachtungen oder statistischen Erhebungen die Größe, von der der Mittelwert berechnet werden soll, in reziproker Form angeben, dann wird das harmonische Mittel angewendet.

Beispiele:

1) In einem lernpsychologischen Experiment dürfen die Versuchspersonen eine vorgegebene Aufgabe so lange bearbeiten, bis diese abgeschlossen ist. In diesem Fall kennzeichnet das harmonische Mittel die durchschnittliche Arbeitszeit, denn „Leistung" und „benötigte Zeit" verhalten sich reziprok.

2) In einer Fabrik werden für einen bestimmten Arbeitsgang die dazu benötigten Zeiten von 10 verschiedenen Arbeitern gemessen. Die „Leistung" der Arbeiter und die „Arbeitszeit" verhalten sich reziprok; also wird das harmonische Mittel der benötigten Zeiten gebildet.

3) Von einem Auto wird auf mehreren gleich großen Strecken die Geschwindigkeit gemessen. Wie groß ist die mittlere Geschwindigkeit? Da die für die Strecken benötigten Zeiten sich zu den Geschwindigkeiten reziprok verhalten, wird das harmonische Mittel gebildet. ■

Das harmonische Mittel von n Daten $x_1, x_2, \ldots, x_n$ ist gleich dem Kehrwert des arithmetischen Mittels aller reziproken Werte:

$$x_H = \frac{n}{\frac{1}{x_1} + \frac{1}{x_2} + \ldots + \frac{1}{x_n}} = \frac{n}{\sum_{i=1}^{n} \frac{1}{x_i}} .$$

Es gilt für die Mittelwerte:

$$x_H \leqslant x_G \leqslant \bar{x} .$$

Programm *Harmonisches Mittel*

Das Programm *Harmonisches Mittel* ist ganz entsprechend wie das Programm *Arithmetisches Mittel* aufgebaut. Lediglich wird nach der Eingabe und nach dem Ausdruck der x_i (Befehle R/S und Prt) jeweils der Befehl [1/x] eingeschoben. Das Ergebnis stellt dann den Kehrwert des harmonischen Mittels dar. Durch Einschieben von [1/x] zwischen [=] und [Prt] wird erreicht, daß das harmonische Mittel ausgedruckt wird.

2.2 Mittelwerte bei Rangskalen

Neben den bisher behandelten Mittelwerten, bei denen die einzelnen *Werte* $x_1, x_2, \ldots, x_n$ in die Berechnung des Mittels eingehen, gibt es noch weitere Mittelwerte, bei denen jedoch nur die *Lage* der einzelnen Werte zueinander von Bedeutung ist.

2.2.1 Zentralwert (Median)

Zu dieser Gruppe gehört der Median oder Zentralwert $\tilde{x}$, zu dessen Ermittlung die Werte der Urliste der Größe nach zu ordnen sind.

In der statistischen Praxis wird der Zentralwert angewendet und dem arithmetischen Mittel vorgezogen, wenn

- die Daten zu einer Rangskala gehören,
- unter den Merkmalswerten einige extreme Werte auftreten, die das arithmetische Mittel stark beeinflussen würden,
- der Umfang der Stichprobe klein ist ($n < 10$),
- bei klassierten Daten die untere bzw. obere Grenze der beiden äußersten Klassen fehlt (offene Flügelklassen).

Zentralwert bei Einzeldaten. Der Zentralwert $\tilde{x}$ einer aus n Werten $x_1, x_2, \ldots, x_n$ bestehenden Folge ist derjenige Wert, der die nach der Größe der einzelnen Werte geordnete Folge halbiert.

Für eine geordnete Folge mit einer *ungeraden* Anzahl von Werten ist danach der Median der mittlere Wert:

$$\text{n ungerade:} \quad \tilde{x} = x_{\frac{n+1}{2}}$$

Für eine geordnete Folge mit einer *geraden* Anzahl von Werten gibt es zwei in der Mitte stehende Werte. In diesem Falle wird das arithmetische Mittel aus diesen beiden mittleren Werten als Zentralwert oder Median x gebildet:

$$\text{n gerade:} \quad \tilde{x} = \frac{1}{2}\left[x_{n/2} + x_{(n/2)+1}\right] .$$

Beispiele:

1) Urdaten 5, 3, 2, 8, 12
Rangierte Daten: 2, 3, 5, 8, 12
Zentralwert: 5

2) Urdaten: 6, 9, 2, 4, 8, 7
Rangierte Daten: 2, 4, 6, 7, 8, 9
Zentralwert: 6, 5 ■

Anmerkung: Der Zentralwert kann mit einem Taschenrechner bestimmt werden. Zunächst werden die Daten x_1 bis x_n in die Speicher 1 bis n gebracht, wobei die Einzelwerte in der Reihenfolge eingegeben werden, in der sie anfallen. Den Speicher 0 oder I benutzt man als Indexregister.

Der nächste Schritt besteht darin, die Daten in den Konstantenspeichern so umzuordnen, daß nach dem Sortieren im Speicher 1 der kleinste und im Speicher mit der Adresse n der größte Wert steht.

Beim Sortieren der Daten geht man so vor: Zuerst wird von allen n Daten der kleinste Wert ermittelt und in den Speicher 1 gebracht. Der ursprünglich im Speicher 1 abgelegte Wert wird in den Speicher gebracht, in dem der kleinste Wert vorher stand (Speicheraustausch). Anschließend wird geprüft, welcher x-Wert in den Speichern 2 bis n der kleinste ist. Dann tauscht man die entsprechenden Speicherinhalte aus, so daß jetzt im Speicher 02 der zweitkleinste Wert steht. Der drittkleinste Wert wird dann in den Speichern 3 bis n gesucht usw. Zum Schluß vergleicht man den Speicher $n-1$ mit dem Speicher n. Die zunächst unsortiert vorliegenden Werte befinden sich dann geordnet in den Konstantenspeichern 1 bis n.

Bei dem Sortier-Verfahren sind insgesamt $\frac{n}{2}(n-1)$ Vergleiche der Inhalte von Konstantenspeichern durchzuführen. In einem entsprechenden Sortierprogramm nimmt somit die Zahl der entsprechenden Programmschleifen mit steigendem n stark zu, was gleichzeitig eine steigende Rechenzeit bedeutet.

Es ist daher vorteilhaft, die Daten in Klassen zu ordnen (Programm *Klassenhäufigkeit*), und anschließend das Programm *Zentralwert bei klassierten Daten* zu verwenden.

Zentralwert bei klassierten Daten. Liegen klassierte Daten vor, dann kann der Zentralwert nach folgender Näherungsformel berechnet werden, die allerdings voraussetzt, daß die Tabelle geordnet ist:

$$\tilde{x} = I_{50} - \frac{d_{50}}{f_{50}} \cdot h$$

I_{50} = obere Grenze des Intervalls, in welchem 50 % überschritten werden,
d_{50} = Differenz zwischen der in diesem Intervall erreichten kumulierten Häufigkeit und N/2,
f_{50} = Häufigkeit in diesem Intervall,
h = Intervallbreite

Programm *Zentralwert bei klassierten Daten*

Speicherbelegung:

M 00 := $\frac{N}{2}$ M 44 Intervallbreite M 45 Untere Intervallgrenze
M 46 Indexregister M 47 := Σf_i M 48 := $\Sigma f_i - \frac{N}{2}$
M 49 Indexregister

Programmschritte:

Programm-speicherplatz	Befehl	Erläuterung
000 bis 005	LBL CLR CMs Adv CLR INV SBR	Startroutine
006 bis 036	LBL A SBR CLR R/S Prt STO 45 R/S Prt STO 44 Adv LBL A' 1 SUM 49 R/S Prt SUM Ind 49 X .50 = SUM 00 GTO A'	Eingaberoutine Aufruf der Startroutine Eingabe: untere Intervallgrenze Eingabe: Intervallbreite Eingabeschleife Eingabe: Besetzungszahl f_i M 00 := $\Sigma f_i/2 = \frac{N}{2}$
037 bis 058	LBL B 1 SUM 46 RCL Ind 46 SUM 47 RCL 47 – RCL 00 = STO 48 $\dot{x} \geqslant t$ D GTO B	Papiervorschub Belegen des Indexregisters Σf_i
059 bis 082	LBL D RCL 46 X RCL 44 + RCL 45 = – RCL 48 : RCL Ind 46 X RCL 44 = Adv Prt Adv R/S	 Berechnung der oberen Intervallgrenze Ausgabe: Median; Programmende

Programmbedienung:

(1) Programm in den Rechner eingeben.

(2) Programm mit [A] starten; untere Intervallgrenze eingeben, dann Intervallbreite eingeben. Besetzungszahlen nacheinander jeweils mit [R/S] eingeben.

(3) Median mit [B] abrufen.

Beispiel: Ein Test hat ergeben:

Punktzahl	Besetzungszahl
0 bis 8	0
9 bis 17	0
18 bis 26	3
27 bis 35	5
36 bis 44	9
45 bis 53	12
54 bis 62	5
63 bis 71	4
72 bis 80	2

```
A     0.   untere Grenze
      9.   Intervallbreite

      0.   Besetzungszahlen
      0.
      3.
      5.
      9.
     12.
      5.
      4.
      2.

B  47.25   x̃
```

■

Der Zentralwert der Punkte liegt bei 47 Punkten.

2.2.2 Centile

Bei Rangdaten können auch Centile bestimmt werden, d.h. Prozentgrenzen unterhalb derer ein bestimmter Prozentsatz der Häufigkeitsverteilung liegt. Besonders häufig verwendet man Quartile, das sind die Centile C_{25}, C_{50} und C_{75}, die zu 25 %, 50 % und 75 % gehören.

Anmerkung: Der Median ist ein 50 %-Centil.

Programm *Centile*

Für die Bestimmung der Centile kann das Programm *Zentralwert bei klassierten Daten* in leicht geänderter Form benutzt werden: Nach dem Befehl 009 wird

R/S Prt : 100 = STO 43
Adv

eingeschoben. Hier wird der Centilwert in Prozent eingegeben und in Speicher 43 abgespeichert. Außerdem wird der Faktor 0.50 in der vorletzten Zeile der Eingaberoutine durch

RCL 43

ersetzt.

Programmbedienung:

(1) Programm in den Rechner eingeben.

(2) Programm mit [A] starten; Centilwert – z.B. 10 – eingeben; untere Klassengrenze eingeben, Intervallbreite eingeben.
Besetzungszahlen der Klassen nacheinander eingeben.

(3) Centilwert mit [B] abrufen.

Beispiel: Für das beim Median angegebene Beispiel soll 10-Centil bestimmt werden.

A 10. Centilwert

0. untere Grenze
9. Intervallbreite

0. Besetzungszahlen
0.
3.
5.
9.
12.
5.
4.
2.

B 28.8 C_{10}

Der 10 %-Wert liegt bei 28,8. ■

2.3 Mittelwert bei Nominalskalen

2.3.1 Dichtemittel (Mode)

Der Mode D ist derjenige Wert einer Folge von Merkmalswerten, der in ihr am häufigsten auftritt. Daher findet man das Dichtemittel, indem man die Häufigkeiten f_i betrachtet und den zu der maximalen Häufigkeit gehörenden Merkmalswert abliest. Das Dichtemittel wird in der Praxis dann angewendet, wenn man für bestimmte Zwecke den genauen Merkmalswert, der am häufigsten auftritt, benötigt. Dies tritt z.B. in der Bevölkerungsstatistik und Medizinalstatistik auf, wo man das genaue Alter benötigt, in dem die meisten Personen heiraten, bzw. den genauen Lebensmonat (auch Lebenswoche), in dem die meisten Säuglinge an einer bestimmten Krankheit sterben usw.

In der Praxis finden sich mitunter auch Folgen von Stichprobenwerten mit mehreren Häufungsstellen. Für solche Folgen existieren dann auch mehrere Dichtemittel. Es muß hier jeder Gipfelbezirk (mit je einer Häufungsstelle) gesondert betrachtet und sein Mode berechnet werden.

Eine Verteilung mit einem Mode wird unimodal (eingipflig) genannt. Für unimodale Verteilung gilt näherungsweise:

Arith. Mittel $\bar{x}$ – Mode D = 3 (Arithm. Mittel $\bar{x}$ – Median $\tilde{x}$)

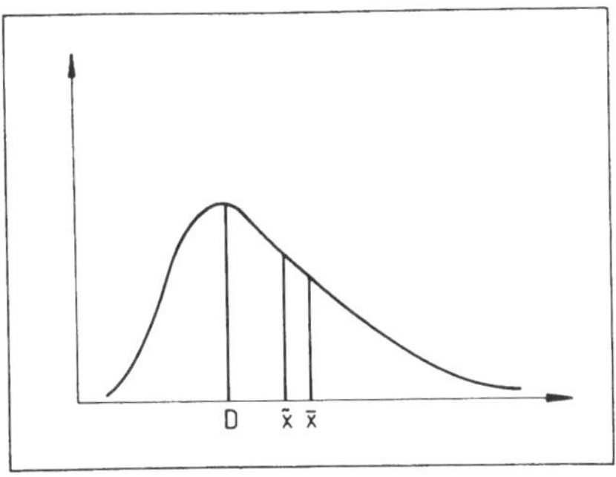

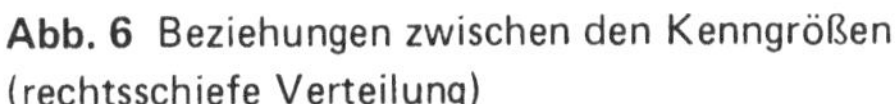
Abb. 6 Beziehungen zwischen den Kenngrößen (rechtsschiefe Verteilung)

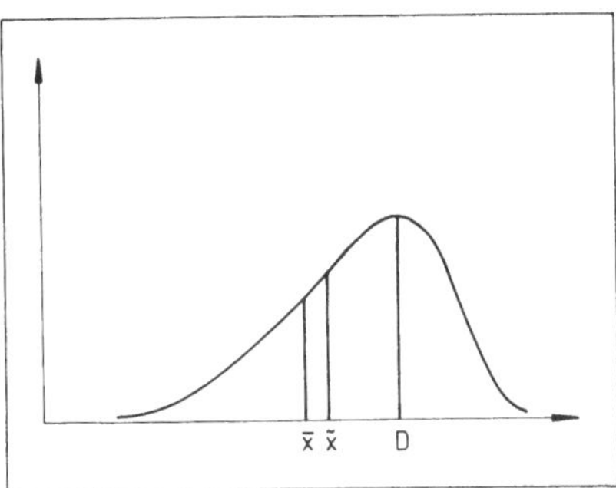

Abb. 7 Beziehungen zwischen den Kenngrößen (linksschiefe Verteilung)

Bei symmetrischen Verteilungen fallen arithmetisches Mittel, Median und Modo zusammen.

Programm *Mode*

Der Mode kann im allgemeinen unmittelbar aus der Häufigkeitstabelle abgelesen werden. Soll er mit Hilfe eines programmierbaren Taschenrechners bestimmt werden, so gibt man nacheinander die Besetzungszahlen ein.

Der Speicher M 00 wird zuerst mit 10^{-99} belegt. Jeder eingegebene Wert wird mit dem Inhalt von M 00 verglichen. Ist der eingegebene Wert größer als der bisherige Wert von M 00, dann wird dieser Wert in M 00 gespeichert.

Programmschritte:

Programm-speicherplatz	Befehl	Erläuterung
000 bis 010	LBL A 1 EE 99 +/– STO 00 INV EE	Startroutine M 00 := 10^{-99}
011 bis 024	LBL STO RCL 00 x ⇄ t R/S Prt INV x ⩾ t STO STO 00 GTO STO	Eingaberoutine Eingabe: f_i Abfrage: $f_i < M\ 00$? Wenn ja, Sprung nach LBL STO, sonst $f_i \rightarrow M\ 00$ Rücksprung nach LBL STO
025 bis 031	LBL B Adv RCL 00 Prt INV SBR	Ergebnisroutine Ausgabe: f_{max}

Programmbedienung:

(1) Programm eingeben. Start mit [A].
(2) Größten Wert mit [B] abrufen.

Beispiel:

```
A    3.  Besetzungszahlen
     5.
    13.
    26.
    28.
    25.
     3.
    16.
     9.
     2.

B   28.  Mode D
```

■

3 Streuungsmaße

Zwei statistische Erhebungen bzw. zwei Meßreihen können jeweils die gleichen Mittelwerte haben und sich dennoch erheblich unterscheiden: Zur Beurteilung von statistischen Daten ist ein Maß für die Streuung der Daten erforderlich.

Die in der Praxis am häufigsten benutzten Streuungsmaße sind:

- mittlere quadratische Abweichung (quadratische Streuung) s^2 bzw. Standardabweichung s,
- Variationsbreite (Spannweite) R,
- durchschnittliche absolute Abweichung (lineare Streuung) d.

Die Streuungsmaße werden zur Kennzeichnung einer Verteilung herangezogen.

3.1 Streuungsmaße bei Intervallskalen

3.1.1 Mittlere quadratische Abweichung und Standardabweichung

Die mittlere quadratische Abweichung (Varianz) s^2 und die Standardabweichung s sind die in der mathematischen Statistik gebräuchlichsten Streuungsmaße.

Sind n Werte einer *Stichprobe* gegeben, so ist

$$s^2 = \frac{(x_1 - \bar{x})^2 + (x_2 - \bar{x})^2 + \ldots + (x_n - \bar{x})^2}{n-1} = \frac{1}{n-1} \sum_{i=1}^{n} (x_i - \bar{x})^2 .$$

Haben die Merkmalswerte $x_1, x_2, \ldots, x_k$ die Häufigkeiten $f_1, f_2, \ldots, f_k$, dann gilt:

$$s^2 = \frac{(x_1 - \bar{x})^2 f_1 + (x_2 - \bar{x})^2 f_2 + \ldots + (x_k - \bar{x})^2 f_k}{n-1} = \frac{1}{n-1} \sum_{i=1}^{k} (x_i - \bar{x})^2 \cdot f_i \quad \text{mit} \quad n = \sum_{i=1}^{k} f_i ,$$

wobei die Abweichung immer vom arithmetischen Mittel $\bar{x}$ gebildet wird.

Liegt das Material in Form einer Häufigkeitstabelle vor, so werden anstelle der (unbekannten) Werte x_i die Klassenmitten m_i angesetzt:

$$s = \sqrt{\frac{1}{n-1} \sum_{i=1}^{k} (m_1 - \bar{x})^2 f_i} \quad \text{mit} \quad n = \sum_{i=1}^{k} f_i .$$

Anmerkung: Die empirische Streuung s^2 ist eine erwartungstreue Schätzung für die Streuung σ^2 der Grundgesamtheit.

Liegt eine *Grundgesamtheit* vor, dann wird bei der Berechnung der mittleren quadratischen Abweichung nicht durch $n-1$, sondern durch die gesamte Anzahl n der Merkmalswerte dividiert:

$$s = \sqrt{\frac{1}{n} \sum_{i=1}^{n} (x_i - \bar{x})^2} .$$

Anmerkung: Diese Formel gilt strenggenommen nur für unendlich viele Werte.

Für beliebige Verteilungen gilt nach Tschebyscheff:

Intervall	Anteil der Daten in diesem Intervall (mindestens)
$\bar{x} \pm 2\,s$	75 %
$\bar{x} \pm 3\,s$	89 %
$\bar{x} \pm 4\,s$	94 %

Die Streuung der Einzelwerte der Grundgesamtheit ist bei einer Normalverteilung durch die Breite der Glockenkurve gegeben. Der Abstand zwischen Wendepunkt und Symmetrieachse ist gleich der Standardabweichung.

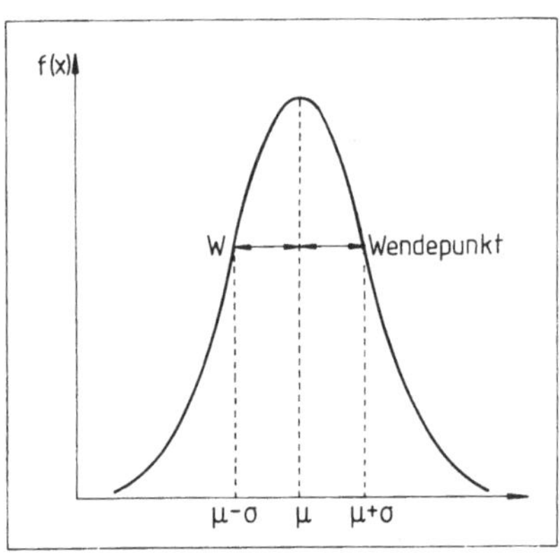

Abb. 8
Definition der Standardabweichung an der Normalverteilung

Sind von einer Normalverteilung die Kenndaten Mittelwert μ und Standardabweichung σ bekannt, so läßt sich der Anteil der Merkmalswerte, die theoretisch im Abstand $\pm z\sigma$ vom Mittelwert μ liegen, angeben:

z	Bereich	Prozentualer Anteil der Grundgesamtheit
1,0	$\mu - 1 \cdot \sigma \leqslant x_i \leqslant \mu + 1 \cdot \sigma$	68,269 %
2,0	$\mu - 2 \cdot \sigma \leqslant x_i \leqslant \mu + 2 \cdot \sigma$	95,450 %
3,0	$\mu - 3 \cdot \sigma \leqslant x_i \leqslant \mu + 3 \cdot \sigma$	99,730 %

Programm *Arithmetisches Mittel, mittlere quadratische Abweichung und Standardabweichung für Einzeldaten*

Da mittlere quadratische Abweichung und Standardabweichung im allgemeinen nur im Zusammenhang mit dem arithmetischen Mittel benutzt werden, enthält das Programm auch die Berechnung von $\bar{x}$.

Man kann die Gleichung zur Berechnung der mittleren quadratischen Abweichung so umgestalten, daß nur eine einmalige Eingabe der Merkmalswerte notwendig ist:

$$s^2 = \frac{\Sigma\, x_i^2 - \frac{1}{n}(\Sigma\, x_i)^2}{n-1}.$$

In einem Speicher werden die x-Werte, in dem zweiten Speicher die Quadrate summiert. In einem dritten Speicher wird automatisch die Anzahl der eingegebenen Werte mitgezählt.

Speicherbelegung:

M 01 := Σx_i M 02 := Σx_i^2 M 03 := i

Programmschritte:

Programm-speicherplatz	Befehl	Erläuterung
000 bis 004	LBL CLR CMs CLR INV SBR	Startroutine Löschen der Register
005 bis 024	LBL A SBR CLR LBL SUM R/S Prt SUM 01 x^2 SUM 02 1 SUM 03 RCL 03 GTO SUM	Eingaberoutine Aufruf der Startroutine Eingabeschleife Eingabe: x_i; M 01 := Σx_i M 02 := Σx_i^2 M 03 := M 03 + 1 Bisherige Anzahl → Anzeige Rücksprung zu LBL SUM
025 bis 035	LBL C RCL 01 : RCL 03 = Prt Adv R/S	Arithmetisches Mittel Ausgabe: $\bar{x}$
036 bis 062	LBL D RCL 02 – RCL 03 1/x X RCL 01 x^2 = : (RCL 03 – 1) = Prt $\sqrt{x}$ Prt Adv R/S	Mittlere quadratische Abweichung, Standardabweichung Ausgabe: s^2 Ausgabe: s
063 bis 080	LBL A' +/– Prt SUM 01 x^2 INV SUM 02 1 INV SUM 03 RCL 03 GTO SUM	Korrekturroutine Falsch eingegebener Wert mit geändertem Vorzeichen wird gedruckt } Korrektur der Speicherbelegung Rücksprung zu LBL SUM

Anmerkung: Über die eingebaute Funktionstaste [$\bar{x}$] beim TI-58/59 läßt sich das arithmetische Mittel direkt abrufen. Über [INV] [$\bar{x}$] kann die mittlere quadratische Abweichung (Varianz) direkt abgerufen werden.

Programmbedienung:

(1) Programm in den Rechner einlesen.
(2) Programm mit Taste [A] starten.
Eingabe der Merkmalswerte: nach jedem Wert [R/S] betätigen.
(3) Abruf des arithmetischen Mittels mit [C].
(4) Abruf der mittleren quadratischen Abweichung und der Standardabweichung mit [D].
(5) Fehlerkorrektur. Taste [A'] betätigen.

Beispiel: Der Wassergehalt verschiedener Fleischproben wurde bestimmt:

$x_1 = 22{,}1$ g/l	$x_6 = 22{,}6$ g/l
$x_2 = 23{,}4$ g/l	$x_7 = 23{,}0$ g/l
$x_3 = 24{,}0$ g/l	$x_8 = 22{,}9$ g/l
$x_4 = 24{,}2$ g/l	$x_9 = 22{,}1$ g/l
$x_5 = 22{,}9$ g/l	$x_{10} = 23{,}8$ g/l

Die Auswertung ergibt:

```
A   22.1   x1          C           23.1   x̄
    23.4   x2
     24.   x3          D   .5488888889    s²
    24.2   .               0.740870359    s
    22.9   .
    22.6   .
     23.
    22.9
    22.1
    23.8
```

Der Mittelwert ist $\bar{x} = 23{,}1$ und die Standardabweichung $s = 0{,}74$. ■

Programm *Arithmetisches Mittel, mittlere quadratische Abweichung und Standardabweichung für klassierte Daten*

Das Programm benutzt nicht die speziellen Möglichkeiten des TI-58/59, so daß man es leicht auf andere Geräte übertragen kann.

Speicherbelegung:

M 05 := x_i M 01 := $\Sigma f_i x_i$ M 02 := $\Sigma f_i x_i^2$ M 03 := Σf_i
M 00 Zwischenspeicher

Programmschritte:

Programm-speicherplatz	Befehle	Erläuterung
000 bis 004	LBL CLR CMs CLR INV SBR	Startroutine Löschen der Register
005 bis 038	LBL B SBR CLR LBL STO R/S Prt STO 05 R/S Prt SUM 03 STO 00 X RCL 05 = SUM 01 RCL 05 x^2 X RCL 00 = SUM 02 Adv GTO STO	Eingaberoutine Aufruf der Startroutine Anfang der Eingabeschleife Eingabe: x_i M 05 := x_i Eingabe: f_i M 03 := Σf_i M 00 := f_i M 01 := $\Sigma f_i x_i$ M 02 := $\Sigma f_i x_i^2$ Ende der Eingabeschleife
039 bis 049	LBL C RCL 01 : RCL 03 = Prt Adv R/S	Arithmetisches Mittel Ausgabe: $\bar{x}$
050 bis 076	LBL D RCL 02 – RCL 03 1/x X RCL 01 x^2 = : (RCL 03 – 1) = Prt Adv $\sqrt{x}$ Prt Adv R/S	Mittlere quadratische Abweichung, Standardabweichung Ausgabe: s^2 Ausgabe: s

Programmbedienung:

(1) Programm in den Rechner einlesen.

(2) Programm mit der Taste [B] starten.
Eingabe der absoluten Häufigkeiten.
Eingabe der Werte x_i, Eingabe der Werte f_i.

(3) Abruf des arithmetischen Mittels mit [C].

(4) Abruf der mittleren quadratischen Abweichung und der Standardabweichung mit [D].

Beispiel:

B	2.5	x_1	C	4.679487179	$\bar{x}$
	5.	f_1			
	3.5	x_2	D	1.993252362	s^2
	8.	f_2		1.411825896	s
	4.5	.			
	11.	:			
	5.5				
	7.				
	6.5				
	6.				
	7.5	x_6			
	2.	f_6			

■

Anmerkung: Sheppard-Korrektur: Liegen klassierte Daten vor, so ist es vorteilhaft, den Wert für die Standardabweichung s abzuändern, um einen genaueren Wert zu erhalten. Dies geschieht durch die Sheppard-Korrektur

$$s_{korr} = s^2 - \frac{h^2}{12} \qquad \text{h Klassenbreite}$$

Das Programm kann leicht entsprechend erweitert werden.

3.1.2 Standardabweichung des Mittelwerts

Entnimmt man einer Grundgesamtheit mehrere Stichproben mit jeweils gleichem Umfang und berechnet daraus das arithmetische Mittel $\bar{x}$, so erhält man eine neue Gesamtheit, nämlich die der Mittelwerte. Bei einer endlichen Anzahl von Stichproben erhält man die Standardabweichung $s_{\bar{x}}$ des Mittelwerts. Diese empirisch gewonnene Standardabweichung kann als Schätzwert für die Standardabweichung $\sigma_{\bar{x}}$ der Grundgesamtheit aller Stichprobenmittelwerte genommen werden.

Für den Zusammenhang zwischen der Streuung des Mittelwertes und der Standardabweichung der Einzelwerte gilt:

$$s_{\bar{x}} = \frac{s}{\sqrt{n}} \,.$$

Die Standardabweichung der Mittelwerte ist umso kleiner, je kleiner die Streuung s der Einzelwerte und je größer die Anzahl n der Wiederholungen von Stichprobenziehungen ist. Die Gleichung zeigt, daß der Fehler des Mittelwertes im Mittel kleiner ist als der eines Einzelwertes. Durch Erhöhung von n läßt sich theoretisch die Streuung des Mittelwerts beliebig verkleinern. Aber da damit auch der ökonomische Aufwand im allgemeinen steigt, muß in der Praxis ein Kompromiß eingegangen werden, z. B. durch n = 8.

Soll die Standardabweichung des Mittelwertes bestimmt werden, kann das Programm *Arithmetisches Mittel, mittlere quadratische Abweichung und Standardabweichung* leicht durch [√x] [Prt] ergänzt werden.

Anmerkung: Die aus den einzelnen Stichproben gebildeten Mittelwerte sind auch dann normalverteilt, wenn die Einzelwerte nicht normalverteilt sind.

3.1.3 Ausreißertest nach Graf und Henning

Führt man eine statistische Erhebung durch, so kann es vorkommen, daß ein Merkmalswert nach der einen oder anderen Seite so stark abweicht, daß der Verdacht einer nicht zufallsbedingten, sondern durch einen systematischen Einfluß verursachten Abweichung besteht. Dieser Ausreißer gehört nicht der Grundgesamtheit an, der die übrigen Merkmalswerte zugrunde liegen. Er muß daher aus dem Datenmaterial entfernt werden.

Sorgt man nicht für ein ausreißerfreies Datenmaterial, dann können Kenndaten wie z.B. Mittelwert oder Standardabweichung bzw. daraus abgeleitete Testgrößen zu erheblich verfälschten Aussagen führen. Ein Ausreißertest ist daher die Voraussetzung für weitere statistische Untersuchungen an dem vorliegenden Datenmaterial.

Zur Prüfung auf Ausreißer berechnet man aus den Daten zunächst ohne den ausreißerverdächtigen Wert das arithmetische Mittel und die Standardabweichung. Der verdächtige Wert wird dann als Ausreißer angesehen, wenn er außerhalb des Bereichs $\bar{x} \pm 4\,s$ liegt.

Ist diese Bedingung erfüllt, dann darf man Mittelwert und Standardabweichung aus den Daten nur ohne Berücksichtigung von x_A berechnen. Man untersucht zunächst den kleinsten und den größten Wert der Merkmalsreihe. Erweist sich keiner von beiden als ein Ausreißer, dann können auch sämtliche weiteren Werte keine Ausreißer sein. Liegt jedoch einer oder beide der beiden extremen Werte außerhalb des Bereichs $\bar{x} \pm 4\,s$, dann muß er oder beide eliminiert werden.

Für den Ausreißertest ist es daher sinnvoll, die Daten der Größe nach zu ordnen.

Programmbedienung:

(1) Mittelwert und Standardabweichung von allen Daten mit dem Programm *Arithmetisches Mittel, mittlere quadratische Abweichung, Standardabweichung* bestimmen.

(2) $\bar{x} \pm 4\,s$ bilden.

(3) Den kleinsten und den größten Merkmalswert heraussuchen und prüfen, ob diese außerhalb von $\bar{x} \pm 4\,s$ liegen. Wenn ja, dann diesen Wert eliminieren und erneut mit (1) beginnen.

Beispiel: Die Messung der Fallzeit einer Kugel hat ergeben (Abb. 9):

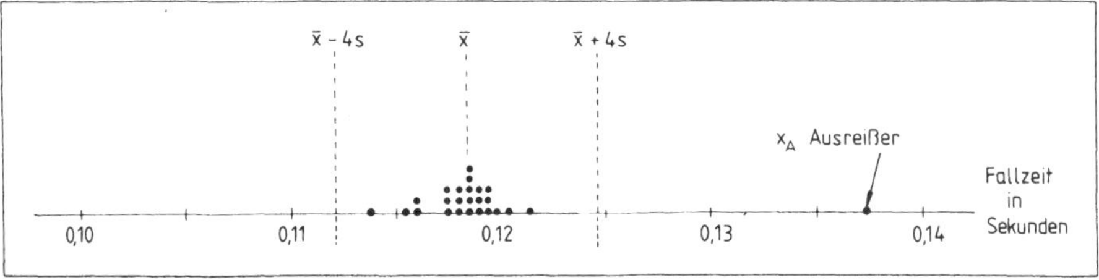

Abb. 9 Darstellung der Werte einer Fallzeit-Messung

Der Wert $t = 0{,}137$ Sekunden ist ein Ausreißer. ∎

3.1.4 Variationskoeffizient

Ohne Angabe des Mittelwertes sagt die Standardabweichung einer statistischen Erhebung wenig über die Streuung der Stichprobe aus. Aus diesem Grunde verwendet man zur Charakterisierung einer Streuung häufig ein *relatives* Streuungsmaß, den Variationskoeffizienten:

$$V_k = \frac{s}{\overline{x}} .$$

Der Variationskoeffizient sollte nur bei Verhältnisskalen angewendet werden.

Programm *Variationskoeffizient*

Um den Variationskoeffizienten im Programm *Arithmetisches Mittel, mittlere quadratische Abweichung und Standardabweichung* mit berechnen zu lassen, wird $\overline{x}$ im M 04 zwischengespeichert und nach der Berechnung der Standardabweichung abgerufen:

```
LBL C
RCL 01 : RCL 03 =
Prt STO 04 Adv R/S
```

```
LBL D
...
√x Prt
: RCL 04 = 1/x Prt
Adv R/S
```

3.2 Streuungsmaße bei Rangskalen

3.2.1 Spannweite

Die Spannweite R einer Stichprobe vom Umfang n ist die Differenz zwischen dem kleinsten Wert x_{min} und größten Wert x_{max}:

$$R = x_{max} - x_{min} .$$

Die Spannweite ist ein Streuungsmaß, das nur von zwei Werten (nämlich x_{min} und x_{max}) abhängt. Die Aussagekraft ist daher bei einer größeren Anzahl von Werten hinsichtlich der Streuung der Einzelwerte gering. Als Streuungsmaß sollte die Spannweite daher nur bei kleinem Stichprobenumfang ($n \leqslant 10$) angewendet werden.

Programm *Spannweite*

Um aus einer beliebigen Anzahl von statistischen Daten die Spannweite zu ermitteln, wird zunächst ein Speicher 01 mit $x_{min} = 10^{99}$ und ein Speicher 02 mit $x_{max} = -10^{99}$ belegt.

Für jeden eingegebenen Wert wird nun ein Vergleich mit den Inhalten der Speicher 01 und 02 durchgeführt. Ist der Merkmalswert kleiner als der Inhalt von Speicher 01, dann wird dieser Wert als neuer x_{min}-Wert benutzt und in den Speicher 01 gebracht. Ist der Merkmalswert dagegen größer als der Inhalt von Speicher 02, wird er als neuer x_{max}-Wert benutzt und in den Speicher 02 gebracht. Trifft die dritte Möglichkeit zu – liegt nämlich der Merkmalswert zwischen dem bisherigen x_{min}-Wert und dem bisherigen x_{max}-Wert –, dann bleiben die Inhalte der Speicher 01 und 02 unverändert. Durch dieses Prinzip reichen sechs Speicher, um die Rechnung durchzuführen.

Anmerkung: Die Belegung der Speicher mit den Startwerten $x_{max} = -10^{99}$ und $x_{min} = 10^{99}$ hat folgende Bedeutung: Beim Beginn des Programms, d.h. vor der Eingabe der Daten, sind die Speicher 01 und 02 noch nicht mit Merkmalswerten belegt. Die Inhalte könnten theoretisch beliebig gewählt werden. Damit aber einer der Merkmalswerte als möglicher x_{min}- bzw. x_{max}-Wert erkannt wird, muß er in jedem Fall größer bzw. kleiner als der Inhalt von Speicher 02 bzw. Speicher 01 sein.

Speicherbelegung:

M 00 := i　　M 02 := x_{max}
M 01 := x_{min}　　M 03 := x_i

Programmschritte:

Programm-speicherplatz	Befehl	Erläuterung
000 bis 004	LBL CLR CMs CLR INV SBR	Startroutine
005 bis 023	LBL A SBR CLR 1 EE 99 STO 01 1 EE 99 +/− STO 02 INV EE	 Aufruf der Startroutine M 01 := 10^{99} Startwert für x_{min} M 02 := 10^{-99} Startwert für x_{max}
024 bis 051	LBL STO RCL 00 R/S Prt STO 03 − RCL 01 = +/− x ⩾ t B' RCL 03 − RCL 02 = x ⩾ t C' 1 SUM 00 GTO STO	Eingabeschleife Anzeige lfd. Nummer Eingabe: x_i; M 03 := x_i $x_{min} - x_i$ Abfrage: $x_{min} - x_i \geqslant 0$? $x_i - x_{max}$ Abfrage: $x_i - x_{max} \geqslant 0$? i := i + 1 Ende der Eingabeschleife
052 bis 062	LBL B' RCL 03 STO 01 1 SUM 00 GTO STO	 $x_i \to x_{min}$ i := i + 1
063 bis 073	LBL C' RCL 03 STO 02 1 SUM 00 GTO STO	 $x_i \to x_{max}$ i := i + 1
074 bis 092	LBL C RCL 01 Adv Prt RCL 02 Prt Adv RCL 02 − RCL 01 = Prt Adv R/S	 Ausgabe: x_{min} Ausgabe: x_{max} Ausgabe: $R = x_{max} - x_{min}$

Programmbedienung:

(1) Programm in den Rechner eingeben.

(2) Taste [A] betätigen, Daten x_i eingeben.

(3) Taste [C] betätigen: Ergebnis wird ausgedruckt.

Beispiel:

```
A    2.
     5.
    -3.     eingegebene
     1.     Daten
     7.

C   -3.     x_min
     7.     x_max

    10.     R = (x_max - x_min)
```

■

3.2.2 Mittlerer Quartilsabstand

Ein Streuungsmaß, welches keine Merkmalswerte von Intervallskalenniveau voraussetzt, ist der mittlere Quartilabstand Q, der nach der Beziehung

$$Q = \frac{C_{75} - C_{25}}{2}$$

berechnet wird.

Mit dem Programm *Centile* werden C_{75} und C_{25} berechnet. Anschließend wird der halbe Abstand der berechneten Größen bestimmt.

Anmerkung: Zur Beurteilung der Verteilung bei Rangskalen können auch Prozentränge (s. Kapitel 4) herangezogen werden.

4 Vergleich von Verteilungen

4.1 Statistische Momente, Schiefe und Steilheit

4.1.1 Statistische Momente

Mit Hilfe der Momente können Mittelwert, Standardabweichung, Variationskoeffizient, Schiefe und Exzeß definiert werden. Diese zur Beschreibung von Verteilungsfunktionen dienenden Größen spielen in der statistischen Praxis eine große Rolle.

Programm *Statistische Momente für Einzeldaten*

Das Programm berechnet für die Daten $x_1, x_2, \ldots, x_n$ die ersten vier Momente bezüglich der Basis a. Es gilt:

$$m_k = \frac{1}{n} \sum_{i=1}^{n} (x_i - a)^k \qquad k = 1, 2, 3, 4$$

Speicherbelegung:

M 00 Indexspeicher i

M 01 : = Basis a

M 02 : = $(x_i - a)$

M 03 : = $\Sigma\,(x_i - a)$

M 04 : = $\Sigma\,(x_i - a)^2$

M 05 : = $\Sigma\,(x_i - a)^3$

M 06 : = $\Sigma\,(x_i - a)^4$

Programmschritte:

Programm-speicherplatz	Befehl	Erläuterung
000 bis 017	LBL A R/S Prt Adv STO 01 0 STO 00 STO 03 STO 04 STO 05 STO 06	 Eingabe: a M 00 := 0 Summenspeicher := 0
018 bis 049	LBL STO R/S Prt – RCL 01 = STO 02 SUM 03 x^2 SUM 04 X RCL 02 = SUM 05 X RCL 02 = SUM 06 1 SUM 00 GTO STO	Eingaberoutine Eingabe: x_i M 02 := $(x_i - a)$ M 03 := $\Sigma\,(x_i - a)$ M 04 := $\Sigma\,(x_i - a)^2$ M 05 := $\Sigma\,(x_i - a)^3$ M 06 := $\Sigma\,(x_i - a)^4$ i := i + 1
050 bis 085	LBL C Adv RCL 00 1/x STO 00 X RCL 03 = Prt RCL 00 X RCL 04 = Prt RCL 00 X RCL 05 = Prt RCL 00 X RCL 06 = Prt Adv INV SBR	 M 00 := 1/n Ausgabe: m_1 Ausgabe: m_2 Ausgabe: m_3 Ausgabe: m_4 Ende des Unterprogramms

Programmbedienung:

(1) Programm in den Rechner eingeben.

(2) Taste [A] betätigen.
Basis a eingeben; [R/S] betätigen.
Merkmalswerte x_i eingeben; jeweils [R/S] betätigen.

(3) Taste [C] betätigen.

Beispiele:

1) Berechne für die Werte 3, 4, 7, 8, 13 die statistischen Momente zur Basis 0.

2) Berechne zur Basis $\bar{x}$ (= 1. Moment zur Basis 0) die statistischen Momente.

	Beispiel 1			Beispiel 2	
A	0.	a	A	7.	a
	3.	x_i		3.	x_i
	4.			4.	
	7.			7.	
	8.			8.	
	13.			13.	
C	7.	$m_1 = \bar{x}$	C	0.	m_1
	61.4	m_2		12.4	m_2
	628.6	m_3		25.2	m_3
	7079.	m_4		326.8	m_4

■

Programm *Statistische Momente für klassierte Daten*

Wenn die Merkmalswerte $x_1, x_2, \ldots, x_k$ mit den Häufigkeiten $f_1, f_2, \ldots, f_k$ erscheinen, sind die statistischen Momente bezüglich der Basis a gegeben durch

$$m_r = \frac{1}{n} \Sigma f_i (x_i - a)^r \quad \text{mit} \quad n = \Sigma f_i \quad \text{und} \quad r = 1, 2, 3, 4.$$

Für $a = 0$ ist m_1 das arithmetische Mittel der Merkmalswerte.

Speicherbelegung:

M 01 := a	M 05 := $\Sigma f_i (x_i - a)^3$
M 02 := $(x_i - a)$	M 06 := $\Sigma f_i (x_i - a)^4$
M 03 := $\Sigma f_i (x_i - a)$	M 07 := f_i
M 04 := $\Sigma f_i (x_i - a)^2$	M 08 := Σf_i

Programmschritte:

Programm-speicherplatz	Befehl	Erläuterung
000 bis 017	LBL A R/S Prt Adv STO 01 0 STO 03 STO 04 STO 05 STO 06 STO 08	 Eingabe: a Summenspeicher auf 0 setzen
018 bis 073	LBL STO R/S Prt – RCL 01 = STO 02 R/S Prt Adv STO 07 SUM 08 X RCL 02 = SUM 03 RCL 02 x^2 X RCL 07 = SUM 04 RCL 02 x^2 X RCL 02 X RCL 07 = SUM 05 RCL 02 x^2 x^2 X RCL 07 = SUM 06 GTO STO	Eingabeschleife für x_i, f_i Eingabe: x_i M 02 := $(x_i - a)$ Eingabe: f_i M 07 := f_i M 08 := Σf_i M 03 := $\Sigma f_i (x_i - a)$ M 04 := $\Sigma f_i (x_i - a)^2$ M 05 := $\Sigma f_i (x_i - a)^3$ M 06 := $\Sigma f_i (x_i - a)^4$
074 bis 109	LBL C Adv RCL 08 1/x STO 08 X RCL 03 = Prt RCL 08 X RCL 04 = Prt RCL 08 X RCL 05 = Prt RCL 08 X RCL 06 = Prt Adv INV SBR	 M 08 := $\frac{1}{n}$ Ausgabe: m_1 Ausgabe: m_2 Ausgabe: m_3 Ausgabe: m_4

Programmbedienung:

(1) Programm in den Rechner eingeben.

(2) Programm mit Taste [A] starten.
Basis a eingeben; [R/S] betätigen.
x_i eingeben, f_i eingeben; jeweils [R/S] betätigen.

(3) Ergebnisse mit [C] abrufen.

Beispiel: Berechne die Momente bezüglich 0 und des arithmetischen Mittels für die Größe von Schülern

x_i	171	174	177	180	183
f_i	5	18	42	27	8

A	0.	a	A	177.45	$a = \bar{x}$
	171.	x_i		171.	x_i
	5.	f_i		5.	f_i
	174.			174.	
	18.			18.	
	177.			177.	
	42.			42.	
	180.			180.	
	27.			27.	
	183.			183.	
	8.			8.	
C	177.45	$m_1 = \bar{x}$	C	0.	m_1
	31497.03	m_2		8.5275	m_2
	5592171.69	m_3		-2.69325	m_3
	993135186.6	m_4		199.3759313	m_4

■

4.1.2 Schiefe und Steilheit bei Intervallskalen

Eine Verteilung ist u.a. dadurch gekennzeichnet, daß sie mehr oder weniger symmetrisch ist. Als diesbezügliches Maß wird in der Statistik die *Schiefe* verwendet. Folgende Definition wird für intervallskalierte Daten benutzt:

$$\text{Schiefe} = \frac{m_3}{s^3}$$

m_3 3. statistisches Moment
s Standardabweichung

Symmetrische Verteilungen haben eine Schiefe von Null. Rechtsschiefe Verteilungen haben eine positive und linksschiefe Verteilungen eine negative Schiefe.

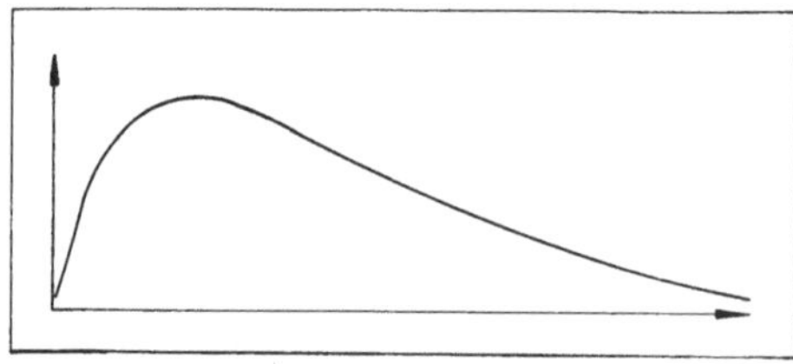

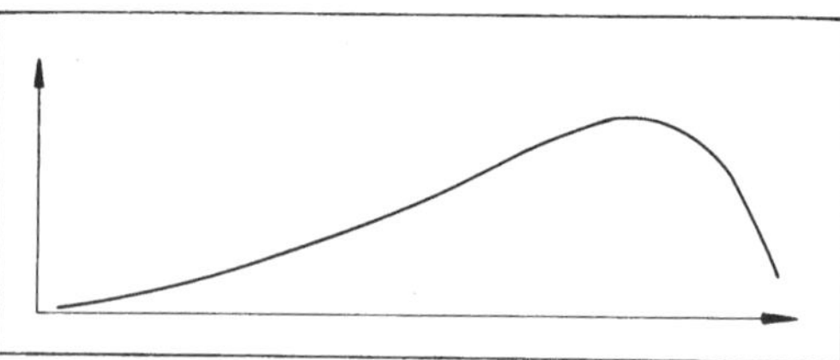

Abb. 10 Rechtsschiefe Verteilung

Abb. 11 Linksschiefe Verteilung

Anmerkung: Die Schiefe kann näherungsweise abgeschätzt werden durch

$$\text{Schiefe} = \frac{\bar{x} - D}{s}$$

$\bar{x}$ arithmetisches Mittel
D Mode
s Standardabweichung

$$\text{Schiefe} = \frac{3\,(\bar{x} - \tilde{x})}{s}$$

$\bar{x}$ arithmetisches Mittel
$\tilde{x}$ Median
s Standardabweichung

Die *Steilheit* einer Verteilung von intervallskalierten Daten kann abgeschätzt werden durch

$$k = \frac{m_4}{s^4}$$

m_4 4. statistisches Moment
s Standardabweichung

Die Steilheit einer Normalverteilung ist 3,000. Verteilungen mit einer größeren Steilheit heißen breitgipflig, solche mit einer kleineren Steilheit schmalgipflig. Wird die Differenz zu 3,000 gebildet, so erhält man den *statistischen Exzeß.* Da bei der Interpretation des Exzesses auf die Normalverteilung Bezug genommen wird, sollte dieses Maß nur für eingipflige Verteilungen berechnet werden.

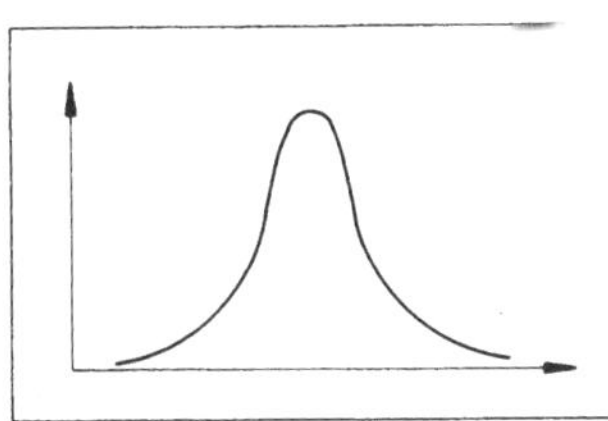

Abb. 12 Schmalgipflige Verteilung

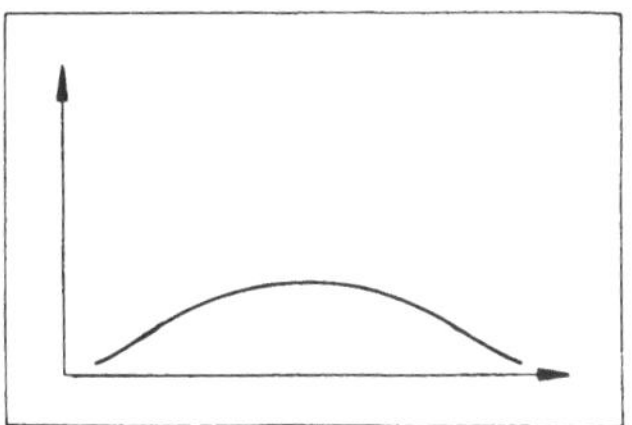

Abb. 13 Breitgipflige Verteilung

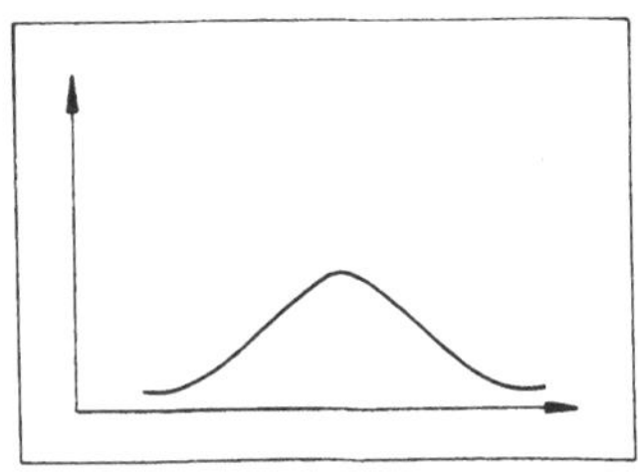

Abb. 14
Normalgipflige Verteilung

Programm *Schiefe und Steilheit*

Speicherbelegung:

M 00 := $\bar{x}$ M 01 := s M 02 := x_i

M 03 := f_i M 04 := $\Sigma\left(\frac{x_i - \bar{x}}{s}\right)^3 f_i$ M 05 := $\Sigma f_i = n$

M 06 := $\Sigma\left(\frac{x_i - \bar{x}}{s}\right)^4 f_i$ M 07 := $\frac{x_i - \bar{x}}{s}$

Programmschritte:

Programm-speicherplatz	Befehl	Erläuterung
000 bis 005	LBL CLR CMs Adv CLR INV SBR	Startroutine
006 bis 018	LBL A SBR CLR R/S Prt STO 00 R/S Prt STO 01 Adv	Eingaberoutine Aufruf der Startroutine Eingabe: $\bar{x}$; M 00 := $\bar{x}$ Eingabe: s; M 01 := s Papiervorschub
019 bis 066	LBL B R/S Prt STO 02 R/S Prt STO 03 RCL 02 − RCL 00 = : RCL 01 = STO 07 x^2 X RCL 07 X RCL 03 = SUM 04 RCL 07 x^2 x^2 X RCL 03 SUM 05 = SUM 06 Adv GTO B R/S	 Eingabe: x_i; M 02 := x_i Eingabe: f_i; M 03 := f_i $\left.\right\} \frac{x_i - \bar{x}}{s} \rightarrow$ M 07 $\left.\right\} \frac{(x_i - \bar{x})^3}{s} \cdot f_i$ $\left.\right\} \frac{(x_i - \bar{x})^4}{s} \cdot f_i$
067 bis 084	LBL C RCL 05 INV Prd 04 INV Prd 06 RCL 04 Prt RCL 06 Prt Adv R/S	Schiefe und Steilheit Ausgabe: Schiefe Ausgabe: Steilheit Papiervorschub; Programmende

Programmbedienung:

(1) Programm einlesen.

(2) Programm mit [A] starten; $\bar{x}$ und s jeweils mit [R/S] eingeben. Anschließend x_i und f_i jeweils mit [R/S] eingeben.

(3) Schiefe und Steilheit mit [C] abrufen.

Beispiel: Gegeben sind die Merkmalswerte und die zugehörigen Besetzungszahlen:

x_i	2	4	6	8	10
f_i	2	4	8	16	1

Mit dem Programm *Arithmetisches Mittel, mittlere quadratische Abweichung und Standardabweichung für klassierte Daten* werden zuerst Mittelwert und Standardabweichung bestimmt:

```
C   6.64516129     x̄
D   3.83655914     s²
    1.958713644    s
```

Anschließend werden Schiefe und Steilheit bestimmt:

```
A      6.6451629   x̄
     1.958713644   s

              2.   xi
              2.   fi

              4.
              4.

              6.
              8.

              8.
             16.

             10.
              1.

C   -.8546372482   Schiefe
     2.868705706   Steilheit
```

■

4.1.3 Schiefe und Steilheit bei Rangskalen

Bei rangskalierten Daten bestimmt man die Schiefe der Verteilung durch den Quartilkoeffizienten oder den 10-90-Centilkoeffizienten der Schiefe:

$$\text{Quartilkoeffizient der Schiefe} = \frac{(Q_{75} - Q_{50}) - (Q_{50} - Q_{25})}{Q_{75} - Q_{25}}$$

$$\text{10-90-Centilkoeffizient der Schiefe} = \frac{(C_{90} - C_{50}) - (C_{50} - C_{10})}{C_{90} - C_{10}}$$

Entsprechend ist ein Centilkoeffizient der Steilheit definiert:

$$\text{Centilkoeffizient der Steilheit } \kappa = \frac{\frac{1}{2}(C_{75} - C_{25})}{C_{90} - C_{10}}$$

C_{75}, C_{25} Quartile
C_{90}, C_{10} Centile

Wird diese Definition auf die Normalverteilung angewendet, so erhält man $\kappa = 0{,}263$. Die Berechnung erfolgt mit dem Programm *Centile*.

4.2 Standardwerte und Prozentränge

4.2.1 Standardwerte

Um eine Skala zu erhalten, die unabhängig von den ursprünglichen Maßeinheiten ist, können intervallskalierte Daten transformiert werden:

$$z_i = \frac{x_i - \bar{x}}{s} .$$

Ein derartig transformierter Wert wird *Standardwert* oder kurz z-Wert genannt. Durch diese Transformation können Punktwerte aus unterschiedlichen Verteilungen leichter miteinander verglichen werden.

Anmerkung: In einigen Bereichen der Sozialwissenschaft ist es üblich, um das Rechnen mit negativen Zahlen zu vermeiden, die z_i-Werte weiter zu transformieren:

$$T_i = 10\, z_i + 50 .$$

Da praktisch alle Werte innerhalb von fünf Standardabweichungen liegen, sind die resultierenden T-Werte zwischen 0 und 100.

4.2.2 Prozentrang

Zur Kennzeichnung eines Wertes kann man betrachten, in welcher Relation er zu den übrigen Werten steht, d.h. wie viele von diesen Werten jeweils größer oder kleiner als der betrachtete Wert sind. Dies kann mit Hilfe des Prozentranges geschehen. Dieser gibt an, ein wie großer Teil der jeweiligen Daten einen gleichgroßen oder kleineren Rangplatz einnimmt. Der Prozentrang wird berechnet, indem man die Anzahl der Ereignisse, die kleiner oder gleich dem betrachteten sind, durch die Gesamtzahl der Ereignisse dividiert und das Ergebnis dann mit 100 multipliziert:

$$PR = \frac{f_c}{n} \cdot 100$$

f_c kumulierte Häufigkeit bis zu dem entsprechenden x-Wert
n Gesamthäufigkeit

Beispiel: Ein Prozentrang von 68,5 % für einen Schüler in einer Klassenarbeit besagt, daß 68,5 % der Schüler gleich gut oder schlechter (und ca. 31,5 % besser) waren als er. ■

5 Auswahl von Stichproben und Zufallszahlen

5.1 Stichproben

Meistens kann man aus zeitlichen, finanziellen und personellen Gründen keine vollständige Grundgesamtheit untersuchen und ist gezwungen, einen Teil der Grundgesamtheit, eine *Stichprobe,* herauszunehmen und nur ihn zu analysieren und dann Schlüsse auf die Grundgesamtheit (Population) zu ziehen.

Wenn immer möglich, sollten die Stichproben nach dem Zufall ausgewählt werden. Die Zufallsauswahl (Randomisierung) hilft, die Gleichwertigkeit der untersuchten Gruppen sicherzustellen, und reduziert so mögliche Quellen unbekannter Einflüsse auf die Ergebnisse.

Beispiel: Eine einfache Methode, eine Zufallsstichprobe herzustellen, ist das Losverfahren. Jedes Element der Population bekommt eine Nummer auf einem Zettel. Nach dem Mischen der Zettel entnimmt man blind ein Los nach dem anderen, bis die Stichprobe auf ihre vorgesehene Größe aufgefüllt ist. ■

In der Praxis geht man vor allem bei größeren Grundgesamtheiten anders vor. Man benutzt Zufallszahlen. Von den durchnumerierten Karteikarten, Namenslisten usw. der Gesamtheit werden entsprechend der Ziffernfolge der Zufallszahlentabelle die Einheiten für die Stichprobe ausgewählt.

Eine andere, oft praktizierte Art der Zufallsauswahl ist die geschichtete Zufallsstichprobe. Sie wird immer angewandt, wenn die Grundgesamtheit so heterogen ist, daß man eine sehr große Stichprobe benötigen würde, um zuverlässige Schlüsse von der Stichprobe auf die Grundgesamtheit zu ziehen. In diesem Fall wählt man die *geschichtete Zufallsstichprobe.* Dazu teilt man die Gesamtgruppe nach den einzelnen Faktoren in verschiedene Schichten auf und wählt aus jeder Schicht mit Hilfe von Zufallszahlen die Merkmalsträger aus. In welchem zahlenmäßigen Verhältnis sie zueinander stehen, wird durch ihr Auftreten in der Grundgesamtheit bestimmt.

Die Benutzung der geschichteten Stichprobe ist nur zulässig, wenn die wichtigen Faktoren, die das Verhalten beeinflussen und die für die Heterogenität verantwortlich zeichnen, bekannt sind.

Die *Quotenstichprobe,* die z.B. in der Meinungsforschung benutzt wird, will den Einschluß verschiedener, bekannter Elemente der Grundgesamtheit sicherstellen. Aus jeder Schicht soll eine genügend große Anzahl von Ereignissen als Repräsentation der Grundgesamtheit einbezogen werden. Bei der Planung wird daher aus einer vorgegebenen Gesamtheit so lange nach treffenden Fällen gesucht, bis eine vorher festgesetzte Zahl gefunden ist.

5.2 Gleichverteilte Zufallszahlen

Zur Gewinnung von Zufallszahlen kann man sich entsprechender Tabellen bedienen. Es gibt aber auch die Möglichkeit, Zahlen in zufälliger Anordnung zu berechnen.

Damit eine Folge von Zahlen als gleichverteilt und zufällig bezeichnet werden kann, müssen zwei Forderungen erfüllt sein:

(1) Die Wahrscheinlichkeit für das Auftreten muß für jede einzelne Zahl der Folge gleich sein. Die in einem Bereich von p bis q möglichen gleichverteilten Zufallszahlen gehorchen daher einer Gleichverteilung (Abb. 15).

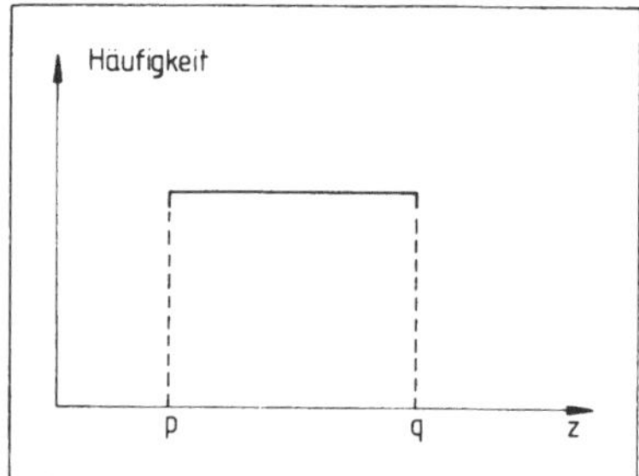

Abb. 15

Gleichverteilung von Zufallszahlen zwischen p und q

(2) Bei der Folge der Zahlen darf kein System erkennbar sein. Eine periodische Wiederkehr von bestimmten Zahlen würde dem Prinzip der Zufallsauswahl widersprechen.

Es besteht die Möglichkeit, mit Hilfe von Rekursionsformeln Zahlen in zufälliger Anordnung zu produzieren. Damit ist zwar prinzipiell eine Vorhersage der Zahlen möglich, die Erzeugung ist also streng genommen nicht mehr dem Zufall überlassen. Die so gewonnenen Zahlenfolgen verhalten sich aber wie echte, z.B. durch Losen erhaltene, Zufallszahlen. Man spricht deshalb von Pseudozufallszahlen.

Im allgemeinen werden zunächst Zahlen zwischen 0 und 1 erzeugt, die dann – je nach Problemstellung – in ganze Zufallszahlen innerhalb bestimmter Bereiche umgewandelt werden können.

Programm *Gleichverteilte Zufallszahlen (π-Potenz-Methode)*

Dem Programm liegt die Rekursionsformel

$$u_{i+1} = \text{INV Int } (\pi + u_i)^8$$

zugrunde. Man geht dabei so vor, daß man zunächst eine Zahl zwischen 0 und 1 vorgibt. Diese kann beliebig sein. Dazu addiert man dann die Zahl π, erhebt das Ergebnis in die 8. Potenz und schneidet von dem nun erhaltenen Resultat den Nachkommateil ab, der die 1. Zufallszahl des Generators darstellt. Diese setzt man nun als u_i wieder in die Formel ein: Man addiert π, erhebt das Ergebnis wieder in die 8. Potenz und schneidet von dem so gewonnenen Resultat wiederum den Nachkommateil ab, der jetzt die 2. Zufallszahl ist usw.

Dieser Generator hat eine Periodenlänge von etwa 10000, d.h. nach 10000 erzeugten Zahlen wiederholt sich die Ausgangszahl und damit die gesamte Folge.

Programmschritte:

Programm-speicherplatz	Befehl	Erläuterung
000	LBL A	
bis	R/S Prt	Eingabe eines Startwertes u_0 mit $0 < u_0 < 1$
017	Adv	
	LBL B	Schleife
	+ π =	
	y^x 8 =	
	INV Int	Erzeugen der Nachkommastellen
	Prt	Ausgabe: Zufallszahl u_{i+1}
	GTO B	

Programmbedienung:

(1) Programm mit [A] starten.

(2) Zahl zwischen 0 und 1 als Startwert eingeben, z.B. 0,5284163.

Beispiel: A 0.5284163 Startzahl u_0

```
0.69019321
 0.9778824
0.45935513
0.57166906
 0.6877897
0.28063933
0.75856833
0.76870999
0.67962638
0.53740274
0.92733363
 0.3571214
0.64944938
0.70999244
0.16825206
0.26493872
    ...
```

■

Programm *Gleichverteilte Zufallszahlen (997-Methode)*

Diesem Programm liegt die Rekursionsformel

$$u_{i+1} = \text{INV Int } (997 \cdot u_i)$$

zugrunde. Es ist zunächst ein Startwert u_0 zwischen 0 und 1 vorzugeben. Dieses u_0 muß 7 Nachkommastellen besitzen, und die letzte Ziffer muß eine 1, 3, 7 oder 9 sein, z.B. u_0 = 0,5284163. Die entsprechende Zufallszahlenfolge hat dann eine Periodenlänge von 500 000, d.h. erst nach 500 000 Zahlen tritt eine Wiederholung ein.

Man multipliziert den Startwert u_0 mit 997, schneidet von dem Produkt den Nachkommateil ab, der die 1. Zufallszahl ist. Diese multipliziert man erneut mit 997. Der Nachkommateil dieses Produkts ist dann die 2. Zufallszahl usw.

Programmschritte:

Programm-speicherplatz	Befehl	Erläuterung
000 bis 016	LBL A R/S Prt Adv LBL B X 997 = INV Int Prt GTO B	 Startwert u_0 mit Schleife Ausgabe der Zufallszahlen

Programmbedienung:

(1) Programm in den Rechner einlesen.

(2) Programm mit [A] starten.

(3) Startzahl eingeben.

Beispiel: A 0.5284163 Startwert u_0

```
0.8310511
0.5579467
0.2728599
0.0413203
0.1963391
0.7500827
0.8324519
0.9545443
0.6806671
0.6250987
0.2234039
0.7336883
0.4872351
0.7733947
0.0745159
   ...
```

■

Programm *Gleichverteilte Zufallszahlen aus einem vorgegebenen Intervall*

Bei vielen statistischen Problemstellungen ist man an der zufälligen Anordnung ganzer Zahlen interessiert. Für die Erzeugung ganzer Zufallszahlen zwischen p und q (einschließlich) gilt dann:

$$z_{i+1} = \text{Int}\,(q + 1 - p)\,u_{i+1} - p\,.$$

Speicherbelegung:

M 11 := p M 12 := q M 13 := q + 1 − p M 14 := u_i

Programmschritte:

Programm-speicherplatz	Befehl	Erläuterung
000	LBL A	
bis	CMs CLR	
017	R/S Prt	Eingabe: untere Schranke p
	STO 11	M 11 := p
	R/S Prt	Eingabe: obere Schranke q
	STO 12 Adv	M 12 := q
	R/S STO 14	Eingabe: Startwert
	Prt Adv	

Programmschritte: Fortsetzung

018 bis 051	LBL B RCL 12 + 1 – RCL 11 = STO 13 997 X RCL 14 = INV Int STO 14 X RCL 13 + RCL 11 = Int Prt GTO B	Berechnen von q + 1 – p M 13 := q + 1 – p Berechnen von u_i M 14 := u_i Berechnen von z_i Ausgabe: z_i

Programmbedienung:

(1) Programm in den Rechner einlesen.

(2) Programm mit [A] starten.

(3) Untere Schranke p eingeben, dann obere Schranke q eingeben.

(4) Startwert, z.B. 0,5284163, eingeben.

Beispiele:

(1) **Elektronischer Würfel.** Mit Hilfe des Programms *Gleichverteilte Zufallszahlen aus einem vorgegebenen Intervall* sollen die Zahlen 1, 2, 3, 4, 5 und 6 in zufälliger Reihenfolge erzeugt werden, was dem Prinzip des Würfelns gleichkommt. Es sind dann p = 1 und q = 6. Eingabe u_0, z.B. 0,5284163:

```
A          1.  p
           6.  q

  0.5284163  u0

           5.
           4.
           2.
           1.
           2.
           5.
           5.
       ...
```

Anmerkung: Bei dem „Elektronischen Würfeln" nach dem angegebenen Programm müssen die Zahlen 1, 2, 3, 4, 5 und 6 bei einer genügend großen Anzahl von „Würfeln" etwa gleich häufig auftreten. Man kann das auf einfache Weise prüfen, wenn man die indirekte Adressierung der Speicher benutzt.

Man verwendet dazu 6 Konstantenspeicher mit den Adressen 1 bis 6 als Zähler für die Einsen, Zweien, Dreien, Vieren, Fünfen und Sechsen. Die gewürfelte Zahl wird dabei als Adresse für den Konstantenspeicher verwendet, in dem die „Zählung" durch die Addition unter 1 erfolgt. Ist z_i die „gewürfelte" Zahl, dann wird durch die Tastenfolge

z_i STO 00 1 SUM Ind 00

das Mitzählen der gewürfelten Einsen, Zweien, Dreien usw. erreicht. Beim „Würfeln" einer 1 wird dazu im Speicher 1 eine 1 addiert. Fällt beim „Würfeln" eine 2, dann wird im Speicher 2 eine 1 addiert, beim Würfeln einer 3 im Speicher 3 etc. Die Tastenfolge ist dazu in dem Programm einzufügen.

(2) **Münzwerfen.** Bei diesem Versuch wird eine Entweder-Oder-Entscheidung simuliert: Wie oft erhält man beim n-maligen Werfen einer Münze „Zahl" und wie oft „Wappen"? Setzt man „Zahl" = 1 und „Wappen" = 2, dann gilt p = 1 und q = 2.

```
A           1.  p
            2.  q

  0.5284163  u0

            2.
            2.
            1.
            1.
            1.
            2.
            2.
            2.
            2.
            2.
            1.
            2.
            1.
         ...
```

(3) **Zahlenlotto.** Um im Zahlenlotto mit „6 Richtigen" zu gewinnen, müssen aus den Zahlen 1 bis 49 sechs verschiedene Zahlen ausgewählt werden, die mit den bei der Ziehung gefallenen Zahlen übereinstimmen müssen. Für die Zufallsauswahl von Zahlen aus dem Bereich 1 bis 49 ist der Algorithmus mit p = 1 und q = 49 anzuwenden.

Mit u_0 = 0,5284163 erhält man

```
A           1.  p
           49.  q

  0.5284163  u0

           41.
           28.
           14.
            3.
           10.
           37.
         ...
```

Jeweils 6 aufeinanderfolgende Zahlen ergeben dabei einen „Tip". Falls sich Zahlen wiederholen, müssen diese gestrichen werden und durch nachfolgende Zahlen ersetzt werden.

(4) **Elektronisches Roulette.** Beim „Monte-Carlo"-Roulette kann man die Zahlen 1 bis 36 sowie die Null und eine Reihe von Zahlenkombinationen setzen.

Führt man das Programm mit $p = 0$ und $q = 36$ sowie dem Startwert $u_0 = 0{,}5284163$ aus, dann erhält man

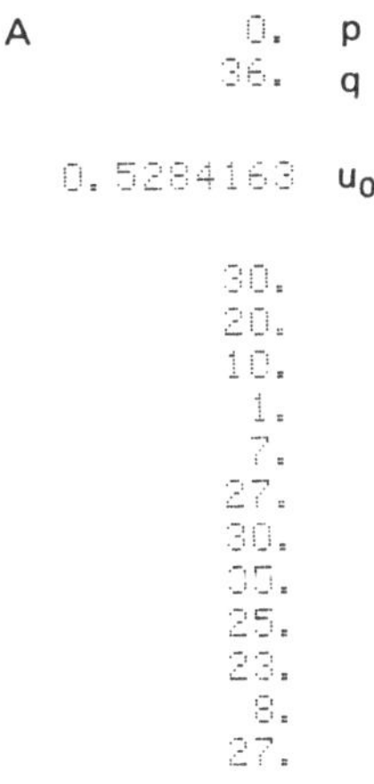

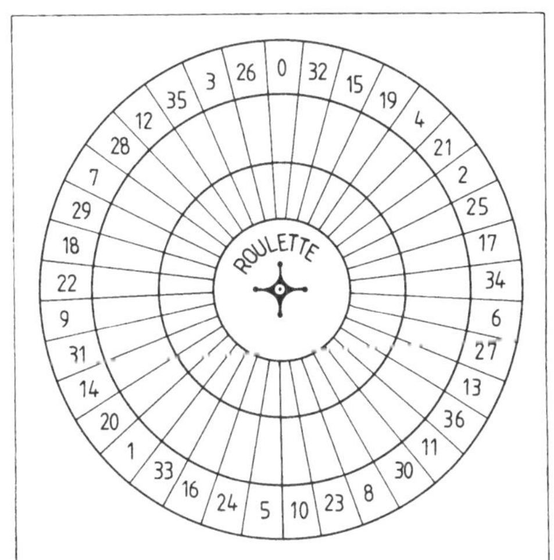

■

5.3 Randomisierung

Bei der Auswahl von Versuchspersonen für Stichproben mit Hilfe von Zufallszahlen müssen doppelt bzw. mehrfach auftretende Zahlen aussortiert werden. Dies macht jedoch – insbesondere bei sehr vielen Zahlen – einige Mühe. Diese Arbeit kann der Rechner übernehmen, wenn man die indirekte Adressierung benutzt. Werden speziell die Zahlen von 1 bis n in zufälliger Anordnung ausgedruckt, denn spricht man von Randomisierung (engl. random = Zufall).

Programm *Randomisierung* ($n \leq 38$)

Zu Programmbeginn werden n Konstantenspeicher auf Null gesetzt. Dann wird für jede gezogene Zufallszahl z mit $z \leq n$ der entsprechende Konstantenspeicher mit der Adresse z mit einer 1 belegt. Prüft man nach jeder gezogenen Zufallszahl z, ob der Speicher z mit einer 1 belegt ist (d.h. die Zahl z ist bereits gefallen) oder mit 0 belegt ist (Zahl z ist noch nicht gefallen), dann kommt dies der Prüfung auf doppelt oder mehrfach gezogene Zahlen gleich. Hat die Anzahl der ausgegebenen Zahlen den Wert n erreicht, dann wird das Verfahren abgebrochen. Die Zahlen von 1 bis n sind dann in zufälliger Reihenfolge angeordnet.

Speicherbelegung:

M 00 Indexregister

M 01 bis M 38: Wenn eine Zufallszahl z aus dem Intervall [1; 38] fällt, wird der zugehörige Speicher z mit 1 belegt

M 39 := u_i M 40 := n M 41 Zählregister M 42 := 997 M 43 := z_{i+1}

Programmschritte:

Programm-speicherplatz	Befehl	Erläuterung
000 bis 005	LBL CLR CMs Adv CLR INV SBR	Startroutine
006 bis 026	LBL A SBR CLR R/S Prt STO 40 R/S Prt Adv STO 39 997 STO 42 0 STO 41	Aufruf der Startroutine Eingabe: n; M 40 := n Eingabe: u_0; M 39 := u_0 Zähler Null setzen
027 bis 075	LBL B RCL 42 X RCL 39 = INV Int STO 39 X RCL 40 + 1 = Int STO 43 STO 00 RCL Ind 00 − 1 = x = t B 1 SUM 41 1 STO Ind 00 RCL 43 Prt RCL 41 − RCL 40 = x = t D GTO B	 997 u_i M 39 := u_{i+1} M 43 := z_{i+1} M 00 := z_{i+1} Zählen der gezogenen Zufallszahlen Speichern von 1 im zugehörigen Speicher Ausdrucken der Zufallszahl Sind schon n Zufallszahlen gezogen? Wenn ja, dann D
076 bis 078	LBL D R/S	 Programmende

Programmbedienung:

(1) Programm in den Rechner eingeben.

(2) Programm mit [A] starten; Anzahl n der Zufallszahlen eingeben; Startwert u_0 eingeben.

Beispiel: Vier Weizensorten sollen auf 16 Teilfeldern angebaut werden.

```
A          16.  n
   0.5284163  u0

         14.
          9.
          5.
          1.
          4.
         13.
         16.
         11.
         12.
          8.
          2.
         15.
          7.
          6.
          3.
         10.
```

Danach sind die vier verschiedenen Weizensorten auf folgenden Teilfeldern anzubauen:

Weizensorten	Teilfelder
a	14 – 9 – 5 – 1
b	4 – 13 – 16 – 11
c	12 – 8 – 2 – 15
d	7 – 6 – 3 – 10

■

5.4 Normalverteilte Zufallszahlen

Für viele Probleme aus dem Bereich der Statistik ist es nützlich, wenn man künstlich Merkmalswerte simulieren kann, die einer Normalverteilung mit den Parametern μ und σ genügen.

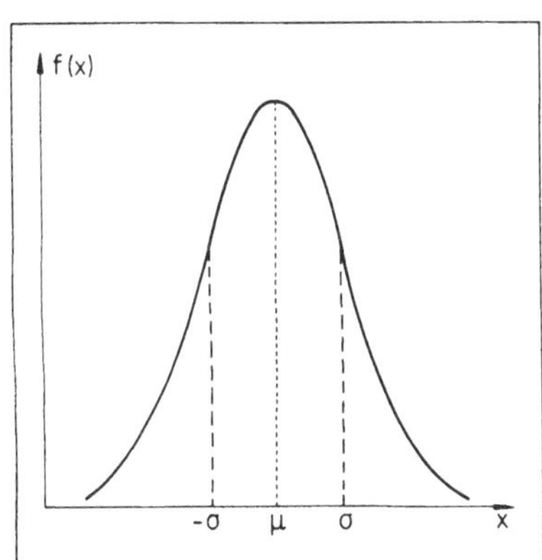

Abb. 16
Normalverteilung

Mit dem angegebenen Programm ist es möglich, Stichprobenwerte zu berechnen, die einer Normalverteilung mit dem Mittelwert μ und der Streuung σ entstammen. Charakteristisch für die so gewonnenen Zufallszahlen ist, daß die Chance für das Auftreten einer bestimmten Zahl um so größer ist, je näher sie bei dem vorgegebenen Wert μ liegt.

Programm *Normalverteilte Zufallszahlen*

Der Algorithmus muß mit einer Dezimalzahl mit 7 Nachkommastellen beginnen. Dieses u_0 muß als letzte Ziffer eine 1, 3, 7 oder 9 haben. Nachdem aus u_0 bzw. u_i und u_{i+1} die Größen N_i, N_{i+1} und daraus die normalverteilten Zufallszahlen z_i und z_{i+1} berechnet wurden, wird der für u_{i+1} ermittelte Wert als neues u_i wieder eingesetzt, und man berechnet das nächste Paar Zufallszahlen usw.:

u_i

$\downarrow$

$u_{i+1} = \text{INV Int}\,(997 \cdot u_i)$

$\downarrow$

$N_i = (-2 \cdot \ln u_i)^{1/2} \cos(2\pi u_{i+1})$

$\downarrow$

$N_{i+1} = (-2 \cdot \ln u_i)^{1/2} \sin(2\pi u_{i+1})$

$\downarrow$

$z_i = \sigma N_i + \mu$

$\downarrow$

$z_{i+1} = \sigma N_{i+1} + \mu$

$\downarrow$

$u_i := u_{i+1}$

Speicherbelegung:

M 01 $:= u_i$	M 02 $:= u_{i+1}$	M 03 $:= (-2 \ln u_i)^{1/2}$	
M 04 $:= 2\pi u_{i+1}$	M 05 $:= N_i$	M 06 $:= N_{i+1}$	
M 04 $:= \mu$	M 08 $:= \sigma$	M 11 Zählregister	M 12 $:= n$

Programmschritte:

Programm-speicherplatz	Befehl	Erläuterung
000 bis 005	LBL CLR CMs Adv CLR INV SBR	Startroutine
006 bis 029	LBL A SBR CLR R/S Prt STO 07 R/S Prt STO 08 Adv R/S Prt STO 12 Adv R/S Prt STO 01 Adv Adv	 Eingabe: μ Eingabe: σ Papiervorschub Eingabe: Anzahl n Eingabe: u_0

Programmschritte: Fortsetzung

030 bis 116	LBL A' RCL 01 X 997 = INV Int STO 02 RCL 01 ln x X 2 = +/− $\sqrt{x}$ STO 03 RCL 02 X 2 X π = STO 04 rad cos X RCL 03 = STO 05 RCL 04 rad sin X RCL 03 = STO 06 RCL 05 X RCL 08 + RCL 07 = Prt RCL 06 X RCL 08 + RCL 07 = Prt 2 SUM 11 RCL 02 STO 01 RCL 11 − RCL 12 = x = t B GTO A'	 $997\, u_i$ $M\ 02 := u_{i+1}$ $-2 \ln u_i$ $M\ 03 := \sqrt{-2 \ln u_i}$ $2\pi\, u_{i+1}$ $M\ 05 := N_i$ $N_{i+1} \rightarrow M\ 06$ z_i $k := k + 2$ $u_{i+1} := u_i$
117 bis 119	LBL B R/S	Stop-Routine

Programmbedienung:

(1) Programm in den Rechner eingeben.

(2) Programm mit [A] starten.

μ eingeben, σ eingeben, n eingeben, u_0 eingeben.

Beachte: Ist n gerade, werden genau n Zahlen ausgegeben. Ist n ungerade, werden beliebig viele Zufallszahlen ausgegeben.

Beispiel:

```
A          10.        μ
            1.        σ

           20.        n

    0.5284163         u0


  10.55065952         zi
  9.013837837         .
  9.431499019         .
     9.783356         .
  9.845370526         .
  11.06914611
  11.55769179
    10.413751
  10.83510941
  12.38230876
   10.0009376
  8.195610035
  10.37554795
  9.341131757
  10.58107429
  9.829376615
  9.871283124
   9.72345992
   9.38015743
  9.379388162         z20
```

■

6 Wahrscheinlichkeitsverteilungen

Ein Merkmal bzw. eine Zufallsvariable nimmt je nach dem Ausgang einer Erhebung bzw. eines Zufallexperiments einen bestimmten Wert an. Um ein Merkmal eindeutig zu kennzeichnen, muß man nicht nur wissen, welche Werte es annehmen kann, sondern auch mit welcher Wahrscheinlichkeit die einzelnen Werte angenommen werden. Ist diese Wahrscheinlichkeitsverteilung bekannt, dann kann man mit Hilfe der Statistik die Bedeutsamkeit empirischer Abweichungen von den theoretisch erwarteten Werten bestimmen.

6.1 Binomialverteilung

Tritt ein Ereignis A bei einem Zufallexperiment mit der Wahrscheinlichkeit p ein, so ist die Wahrscheinlichkeit, daß A nicht eintritt, gleich $q = 1 - p$. Wird dieses Zufallexperiment n mal wiederholt, wobei die Einzelversuche unabhängig voneinander sind, so ist die Wahrscheinlichkeit, daß das Ereignis A genau x mal auftritt,

$$B_n(x) = \binom{n}{x} p^x q^{n-x} .$$

Die durch diese Wahrscheinlichkeitsfunktion bestimmte Verteilung heißt Binomialverteilung.

Bei der Berechnung aufeinanderfolgender Einzelwahrscheinlichkeiten ist die Anwendung einer Rekursionsformel zweckmäßig:

$$B_n(x+1) = \frac{n-x}{x+1} \cdot \frac{p}{q} \cdot B_n(x) .$$

Der Erwartungswert (Mittelwert) der Binomialverteilung mit den Parametern n und p ist

$$\mu = n p .$$

Für die Standardabweichung erhält man

$$\sigma = \sqrt{n p q} .$$

Anmerkung: Die Binomialverteilung mit dem Erwartungswert $\mu = n p$ und der Varianz $\sigma = \sqrt{n p q}$ kann für $n p > 4$ und $n q > 4$ durch eine np-$\sqrt{npq}$-Normalverteilung angenähert werden.

Programm *Binomialverteilung*

Das Programm berechnet für gegebene Parameter n und p und für gegebenes x die zugehörige Wahrscheinlichkeit. Außerdem wird die Wahrscheinlichkeit für höchstens x Ereignisse sowie für mindestens x Ereignisse bestimmt.

Speicherbelegung:

M 00 := x, ..., n	M 01 := n	M 02 := p	M 03 := q
M 06 := x	M 07 := B	M 08 := Σ B	M 09 := 0, ..., x

Programmschritte:

Programm-speicherplatz	Befehl	Erläuterung
000 bis 004	LBL CLR CMs CLR INV SBR	Startroutine Löschen der Register
005 bis 024	LBL A SBR CLR R/S Prt STO 01 R/S Prt STO 02 Adv 1 − RCL 02 = STO 03	Eingaberoutine Aufruf der Startroutine Eingabe: n; M 01 := n Eingabe: p; M 02 := p M 03 := q = 1 − p
025 bis 056	LBL A' R/S Prt STO 06 0 STO 08 STO 09 RCL 03 y^x RCL 01 = STO 07 SUM 08 RCL 06 x = t C' 1 SUM 09 RCL 01 STO 00	Eingabe der x-Werte Eingabe: x; M 06 := x M 08 := 0; M 09 := 0 Abfrage: x = 0? Wenn ja, zu LBL C'
057 bis 085	LBL B' RCL 02 × RCL 00 × RCL 07 : RCL 09 : RCL 03 = STO 07 SUM 08 1 SUM 09 Op 30 Dsz 6 B'	
086 bis 093	LBL C' RCL 07 Prt Adv GTO A'	Ausgabe: B
094 bis 101	LBL B RCL 08 Prt Adv GTO A'	Ausgabe: $\sum_{0}^{x} B_n (x_i)$
102 bis 115	LBL C 1 − RCL 08 + RCL 07 = Prt Adv GTO A'	Ausgabe: $\sum_{x}^{n} B_n (x_i)$

Programmbedienung:

(1) Programm in den Rechner eingeben. Start durch [A].

(2) Eingabe von n, p, x
Ausgabe: Wahrscheinlichkeit für x: $B_n(x)$

(3) [B] betätigen: Ausgabe: Wahrscheinlichkeit für „höchstens x".

(4) [C] betätigen: Ausgabe: Wahrscheinlichkeit für „mindestens x".

(5) Weitere x-Werte – bei gleichem n und p – können unmittelbar anschließend eingegeben werden.

Beispiele:

(1)

A	10.	n
	0.6	p
	3.	x_i
	0.042467328	$B_{10}(3)$
B	.0547618816	$\sum_{x_i=0}^{3} B_{10}(x_i)$
C	.9877054464	$\sum_{x_i=3}^{10} B_{10}(x_i)$

(2) In einem Energieversorgungssystem sind n = 50 Kraftwerksblöcke mit der Ausfallwahrscheinlichkeit p = 3% an der Energiebereitstellung beteiligt.

a) Wie groß ist die Wahrscheinlichkeit, daß genau 6 Blöcke gleichzeitig ausfallen?

b) Wie groß ist die Wahrscheinlichkeit dafür, daß 10 oder mehr Blöcke gleichzeitig ausfallen?

Lösung:

a)

A	50.	n
	0.03	p
	6.	x
	.0030326819	$B_n(x)$

b)

A	50.	n
	0.03	p
	10.	x_i
	.0000017937	$B(x_i)$
C	.0000020177	$= p \approx 2 \cdot 10^{-4}$ %

■

6.2 Normalverteilung

Die Normalverteilung ist die wichtigste stetige Verteilung. Hierfür gibt es mehrere Gründe:

- Viele Merkmalswerte, die bei statistischen Erhebungen oder naturwissenschaftlichen Experimenten auftreten, sind (wenigstens annähernd) normalverteilt.
- Besitzt eine eingipflige Grundgesamtheit Verteilung, so führt die Annahme, es liege eine Normalverteilung vor, in zahlreichen Fällen zu sinnvollen, praktisch brauchbaren Ergebnissen.

Das Bild der Normalverteilung ist eine glockenförmige Kurve. Sie wird beschrieben durch die Funktion

$$N_{\mu;\,\sigma}(x) = \frac{1}{\sigma\sqrt{2\pi}} \cdot e^{-\frac{(x-\mu)^2}{2\sigma}} .$$

Der Parameter μ gibt die Stelle des Maximums an; es ist μ der Erwartungswert (Mittelwert) der Verteilung. Die Standardabweichung der Verteilung ist durch σ gegeben. Es ist σ der Abstand von μ zum Wendepunkt der Kurve. Ist σ klein, dann ist die Kurve hoch und spitz. Ist σ groß, dann ist die Kurve breit und flach (Abb. 17).

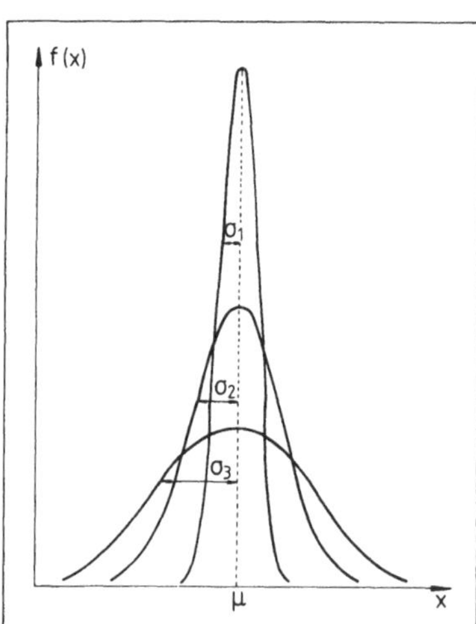

Abb. 17
Graphen von Normalverteilungen

Für $\mu = 0$ und $\sigma = 1$ nimmt die Funktion die einfachere Gestalt

$$f(z) = \frac{1}{\sqrt{2\pi}} e^{-\frac{x^2}{2}}$$

an. Es liegt die *standardisierte Normalverteilung* vor.

6.2.1 Funktionswerte

Das Programm kann auch als Subroutine in anderen Programmen eingesetzt werden.

Programm *Funktionswerte der standardisierten Normalverteilung*

Programmschritte:

Programm-speicherplatz	Befehl	Erläuterung
000 bis 022	LBL A R/S Prt x^2 : 2 = +/− INV ln x : (2 × π) $\sqrt{x}$ = Prt Adv GTO A	 Eingabe: z Ausgabe: f (z)

Programmbedienung:

(1) Programm in den Rechner eingeben.

(2) Taste [A] betätigen; x_i-Wert mit [R/S] eingeben.
Ausgegeben wird der zugehörige Funktionswert. Danach kann unmittelbar der nächste Funktionswert eingegeben werden.

Beispiele:

```
A            0.   x_i
   .3989422804   f(x_i)

             1.
   .2419707245

             2.
   .0539909665

             3.
   .0044318484

             4.
   .0001338302
```

■

6.2.2 Standardisierung

Die Umrechnung von einer beliebigen Normalverteilung mit μ und σ auf die standardisierte Normalverteilung geschieht durch:

$$z = \frac{x_i - \mu}{\sigma}.$$

Das Programm kann auch als Subroutine in anderen Programmen eingesetzt werden. Wird es im Zusammenhang mit dem Programm *Funktionswerte der standardisierten Normalverteilung* eingesetzt, können die Funktionswerte beliebiger Normalverteilungen berechnet werden.

Programm *Standardisierung der Normalverteilung*

Speicherbelegung:

M 04 := μ M 05 := σ

Programmschritte:

Programm-speicherplatz	Befehl	Erläuterung	
000	LBL A'		
bis	R/S Prt STO 04	Eingabe: μ;	M 04 := μ
027	R/S Prt STO 05 Adv	Eingabe: σ;	M 05 := σ
	LBL B'		
	Adv		
	R/S Prt	Eingabe: x_i	
	− RCL 04 =		
	: RCL 05 = Prt	Ausgabe: z_i	
	Adv		
	GTO B'		

Programmbedienung:

(1) Programm in den Rechner eingeben.

(2) Taste [A'] betätigen.
μ, σ und x_i jeweils mit [R/S] eingeben.
Ausgegeben wird der zugehörige z_i-Wert.
Anschließend kann unmittelbar der nächste x_i-Wert eingegeben werden.

Beispiel:

A'	10.	μ	A'	20.	μ
	2.	σ		4.	σ
	4.	x_i		3.	x_i
	-3.	z_i		-4.25	z_i

■

6.2.3 Integration

Die Fläche unter der Kurve der Normalverteilung von $-z$ bis $+z$ ist gegeben durch

$$\Phi(z) = \frac{1}{2\pi} \int_{-z}^{+z} e^{-\frac{x^2}{2}} dx .$$

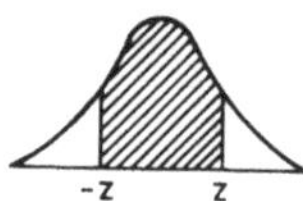

Abb. 18
Zur Integration der Normalverteilung

Dieses Integral kann nicht in geschlossener Form gelöst werden. Für dieses Integral gilt näherungsweise:

$$\Phi(z) = 1 - 2\,Q(z)$$

mit

$$Q(z) = f(z)\,(a_1 t + a_2 t^2 + a_3 t^3 + a_4 t^4 + a_5 t^5)\,,$$

wobei

$$t = \frac{1}{1 + rz} \quad \text{mit} \quad r = 0{,}2316419$$

und $f(z)$ die Normalverteilung sind. Eine Umformung mit Hilfe des Horner-Schemas ergibt:

$$Q(z) = f(z) \cdot t\,(a_1 + t\,(a_2 + t\,(a_3 + t\,(a_4 + a_5\,t))))$$

mit $a_1 = 0{,}31938153$ $\quad a_2 = -0{,}356563782$
$a_3 = 1{,}781477937$ $\quad a_4 = -1{,}821255978$
$a_5 = 1{,}330274429$

Die Polynomapproximation liefert gute Werte bis $z = 20$.

Anmerkungen:

1) Für kleinere Rechner mit wenig Programmspeicherplatz können einfachere Approximationen angegeben werden:

$$\Phi(z) = (1 + 0{,}2\,z + 0{,}115\,z^2 + 0{,}0004\,z^3 + 0{,}19\,z^4)^{-4}\,.$$

2) Statt der Polynomapproximation kann auch eine Reihenentwicklung vorgenommen werden:

$$\Phi(z) = f(z)\left(\frac{z}{1} + \frac{z^3}{1\cdot 3} + \frac{z^5}{1\cdot 3\cdot 5} + \frac{z^7}{1\cdot 3\cdot 5\cdot 7} + \ldots\right).$$

Für die Reihe gilt die Rekursionsformel

$$G_1 = z \quad \text{und} \quad G_{k+1} = \frac{z^2}{2k+1}\,G_k\,.$$

Die Reihenentwicklung wird abgebrochen, wenn G_k kleiner als eine vorgegebene Schwelle ϵ ist.

Programm *Integration der Normalverteilung*

Speicherbelegung:

M 00 := r	M 01 := a_1	M 02 := a_2
M 03 := a_3	M 04 := a_4	M 05 := a_5
M 06 := z	M 07 := f(z)	M 08 := t

Programmschritte:

Programm-speicherplatz	Befehl	Erläuterung
000	LBL A	Konstantenroutine
bis	.2316419 STO 00	r
075	.31938153 STO 01	a_1
	.356563782 +/− STO 02	a_2
	1.781477937 STO 03	a_3
	1.821255978 +/− STO 04	a_4
	1.330274429 STO 05	a_5
076	LBL A'	
bis	R/S Adv Prt STO 06	Eingabe: z; M 06 := z
158	X RCL 00 + 1 =	$1 + rz$
	1/x STO 08	$1/(1 + rz) \rightarrow$ M 08
	2 X π = $\sqrt{x}$ 1/x	$1/\sqrt{2\pi}$
	STO 07	
	RCL 06 x^2 : 2 = +/−	
	INV ln x	
	Prd 07	$f(z) \rightarrow$ M 07
	RCL 08	t
	X RCL 05	$a_5 t$
	+ RCL 04 =	$a_4 + a_5 t$
	X RCL 08	$t(a_4 + a_5 t)$
	+ RCL 03 =	$a_3 + t(a_4 + a_5 t)$
	X RCL 08	$t(a_3 + t(a_4 + a_5 t))$
	+ RCL 02 =	$a_2 + t(a_3 + t(a_4 + a_5 t))$
	X RCL 08	$t(a_2 + t(a_3 + t(a_4 + a_5 t)))$
	+ RCL 01 =	$a_1 + t(a_2 + t(a_3 + t(a_4 + a_5 t)))$
	X RCL 08	$t(a_1 + t(a_2 + t(a_3 + t(a_4 + a_5 t))))$
	X RCL 07	Q (z)
	X 2 = +/−	
	+ 1 = Prt Adv Adv	$\Phi(z)$
	GTO A'	

Programmbedienung:

(1) Programm in den Rechner eingeben.

(2) Programm mit [A] starten.
z eingeben, ausgegeben wird $\Phi(z)$.
Anschließend können weitere z-Werte unmittelbar eingegeben werden.

Beispiele:

A 1. z
.6826894809 Φ(z)

2. z
0.954499876 Φ(z)

3.
.9973000656

4.
.9999366279 ■

Das angegebene Programm kann zur Berechnung verschiedenartiger Flächen unter der Normalverteilung herangezogen werden.

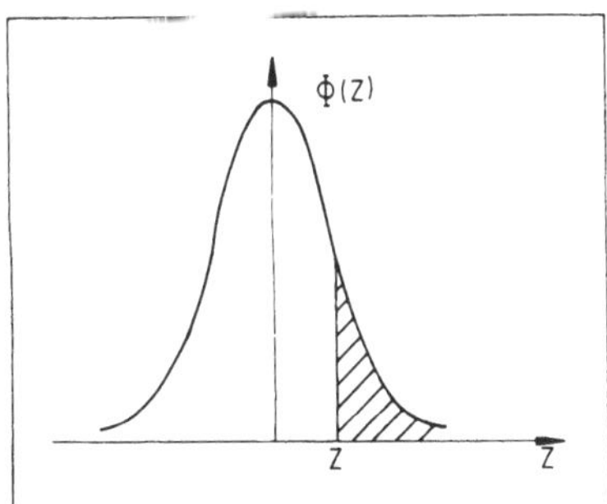

Abb. 19

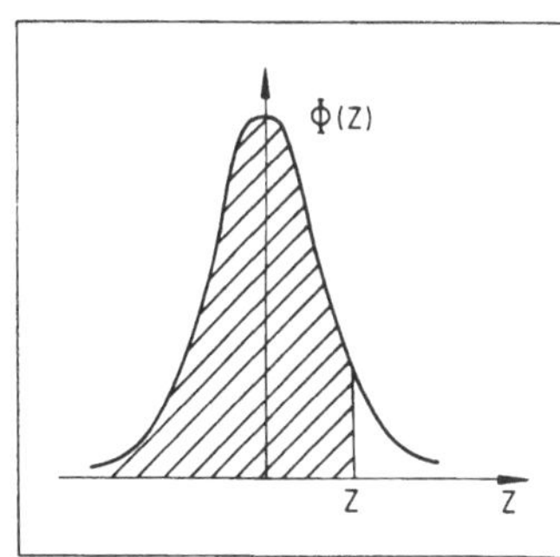

Abb. 20

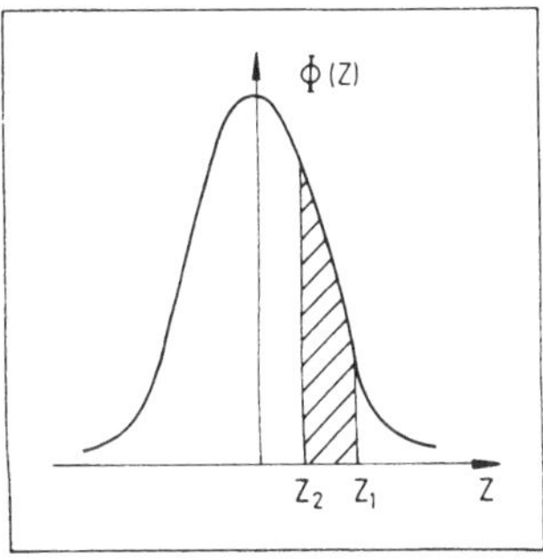

Abb. 21

$F = 0{,}5 - \frac{1}{2}\,\Phi(z)$

$F = 0{,}5 + \frac{1}{2}\,\Phi(z) = \Phi^*(z)$

$F = \frac{1}{2}\,(\Phi(z_1) - \Phi(z_2))$ ■

Anwendung: Bei der Produktion von Maschinenschrauben ergab sich für den Mittelwert der Länge $\mu = 50{,}25$ mm. Die Standardabweichung betrug 0,6 mm. Alle Schrauben, deren Länge um 1 mm von der Sollänge abweicht, sollen ausgesondert werden. Wieviel Prozent der Schrauben müssen ausgesondert werden?

1. Schritt: $x_i = 1$ mm Standardisierung: $z = \frac{1 - 50{,}05}{0{,}6} = 1{,}67$
2. Schritt: $\Phi(z) = 0{,}904$
3. Schritt: Ausschuß $1 - 0{,}904 = 0{,}096 \approx 9{,}6$ %

Es müssen ca. 9,6 % der Schrauben ausgesondert werden. ■

6.2.4 Schranken

Bei der bisherigen Fragestellung war der Wert z gegeben. Ermittelt werden sollte die Wahrscheinlichkeit, daß Merkmalswerte innerhalb der gegebenen Grenzen anzutreffen sind. Dazu wurde die Fläche unter der Normalverteilung berechnet.

Ist umgekehrt die Wahrscheinlichkeit, also die Fläche unter der Kurve, vorgegeben, so können die Schranken der Normalverteilung bestimmt werden. Auch hierfür muß ein Näherungsverfahren herangezogen werden: Für den Wert z bei gegebener Fläche Φ unter der Kurve gilt:

$$z = s - \frac{a_0 + a_1 s + a_2 s^2}{1 + b_1 s + b_2 s^2 + b_3 s^3} \quad \text{mit} \quad s = \sqrt{\ln\left(\frac{2}{1-\Phi}\right)^2}\,.$$

Die Konstanten haben dabei die Werte:

$a_0 = 2{,}515517$ $b_1 = 1{,}432788$
$a_1 = 0{,}802853$ $b_2 = 0{,}189269$
$a_2 = 0{,}010328$ $b_3 = 0{,}001308$

Programm *Schranken der Normalverteilung*

Speicherbelegung:

M 00 := a_0 M 01 := a_1 M 02 := a_2 M 03 := b_1
M 04 := b_2 M 05 := b_3 M 06 := s M 07 := $1 + s(b_1 + s(b_2 + b_3 s))$
M 08 := $(1 - \Phi)/2$

Programmschritte:

Programm-speicherplatz	Befehl	Erläuterung
000	LBL A	
bis	2.515517 STO 00	M 00 := a_0
057	.802853 STO 01	M 01 := a_1
	.010328 STO 02	M 02 := a_2
	1.432788 STO 03	M 03 := b_1
	.189269 STO 04	M 04 := b_2
	.001308 STO 05	M 05 := b_3

Programmschritte: Fortsetzung

058 bis 128	LBL A'	
	R/S Adv Prt	Eingabe: Φ
	+/− + 1 =	$\frac{1-\Phi}{2}$
	: 2 = STO 08	
	x^2 1/x ln x	$s \rightarrow$ M 06
	$\sqrt{x}$ STO 06	
	X RCL 05	$s\, b_3$
	+ RCL 04 =	$b_2 + s\, b_3$
	X RCL 06	...
	+ RCL 03 =	
	X RCL 06	
	+ 1 = STO 07	$1 + s\,(b_1 + s\,(b_2 + b_3\, s))$
	RCL 06 X RCL 02	$s \cdot a_2$
	+ RCL 01 =	$a_1 + s\, a_2$
	X RCL 06	...
	+ RCL 00 =	$a_0 + s\,(a_1 + a_2\, s)$
	: RCL 07	
	INV SUM 06	z
	RCL 06 Prt Adv	Ausgabe: z
	GTO A'	Rücksprung; Programmende

Programmbedienung:

(1) Programm in den Rechner eingeben.

(2) Programm mit [A] starten; Φ-Wert mit [R/S] eingeben.
Ausgegeben wird der zugehörige z-Wert. Weitere Φ-Werte können unmittelbar eingegeben werden.

Beispiel:

```
A         0.9 Φ(z)
  1.64521144 z


        0.95
 1.960394917


        0.99
 2.576236081
```

■

6.3 Poisson-Verteilung

Die Poisson-Verteilung wird unter zwei Voraussetzungen angewendet: Die Erfolgswahrscheinlichkeit beim einzelnen Experiment ist klein, während die Anzahl der wiederholten Ausführungen des Zufallsexperiments groß ist.

Ist λ die mittlere Anzahl der ausgewählten Ereignisse in einer Stichprobe und ist P(x) die Wahrscheinlichkeit dafür, daß eine beliebig gezogene Stichprobe genau x Ereignisse aufweist, dann gilt:

$$P(x) = \frac{\lambda^x \cdot e^{-\lambda}}{x!}.$$

Durch die Größe λ ist die Poissonverteilung vollständig charakterisiert.

Charakteristisch für die Poisson-Verteilung ist, daß sie im Gegensatz zur Normalverteilung schief ist. Mit größer werdendem λ nähert sich jedoch die Poisson-Verteilung immer mehr einer Normalverteilung an.

In Abbildung 22 sind für verschiedene Werte von λ die entsprechenden Verteilungen dargestellt. Man erkennt, daß sich mit steigendem λ die schiefe Form immer besser einer symmetrischen Verteilung annähert.

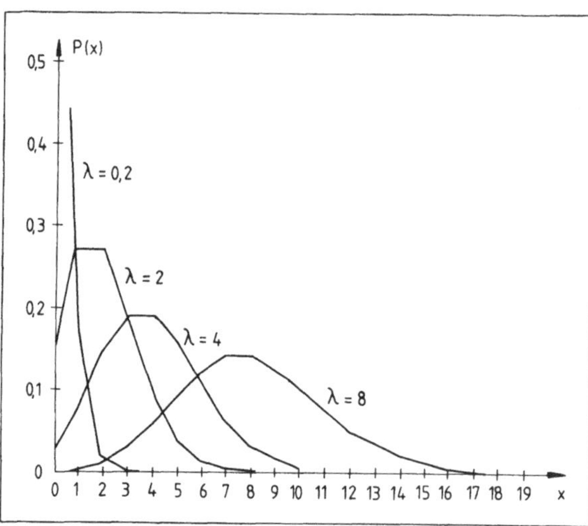

Abb. 22
Poisson-Verteilung für verschiedene λ-Werte

Da die Poisson-Verteilung durch den Mittelwert λ vollständig charakterisiert ist, muß die Standardabweichung eine Funktion von λ sein. Es gilt

$$\sigma = \sqrt{\lambda}.$$

Es liegen durchschnittlich

68,27 % aller Merkmalswerte im Bereich $\lambda \pm 1\,\sigma$
95,44 % aller Merkmalswerte im Bereich $\lambda \pm 2\,\sigma$
99,73 % aller Merkmalswerte im Bereich $\lambda \pm 3\,\sigma$

Programm *Poisson-Verteilung*

Die Berechnung der Wahrscheinlichkeiten erfolgt über die Rekursionsformel

$$P(x+1) = \frac{\lambda}{x+1} P(x).$$

Speicherbelegung:

M 00 := x M 01 := λ M 02 := P M 03 := Σ P M 04 Indexregister

Programmschritte:

Programm-speicherplatz	Befehl	Erläuterung
000 bis 004	LBL CLR CMs CLR INV SBR	Startroutine
005 bis 013	LBL A SBR CLR R/S STO 01 Prt Adv	 Eingabe: λ M 01 := λ
014 bis 063	LBL A' 0 STO 04 R/S STO 00 Prt RCL 01 +/− INV ln x = STO 02 STO 03 RCL 00 x = t B LBL Prd 1 SUM 04 RCL 02 × RCL 01 : RCL 04 = STO 02 SUM 03 Dsz 0 Prd RCL 02 Prt Adv GTO A'	 Eingabe: x M 00 := x Berechnung von P(0) Abfrage: x = 0? Indexregister i ↦ i + 1 Berechnen von P(x) nach der Rekursionsformel Abfrage: Ende der Rekursion? Ausgabe: P(x)
064 bis 071	LBL B RCL 03 Prt Adv GTO A'	 Ausgabe: Summenwahrscheinlichkeit für höchstens x_i
072 bis 085	LBL C 1 − RCL 03 + RCL 02 = Prt Adv GTO A'	 Ausgabe: Summenwahrscheinlichkeit für mindestens x_i

Programmbedienung:

(1) Programm eingeben.

(2) [A] betätigen, λ eingeben, x eingeben.
Die Poisson-Wahrscheinlichkeit wird ausgedruckt.

(3) [B] betätigen, Summenwahrscheinlichkeit für „höchstens x" wird ausgedruckt.

(4) [C] betätigen, Summenwahrscheinlichkeit für „mindestens x" wird ausgedruckt.

Beispiele:

(1) A 18. λ

25. x
.0236519131 P(x)

B .9553917005 „höchstens"

C .0682602126 „mindestens"

(2) Ein radioaktives Präparat hat eine mittlere Zählrate von 12 Impulsen pro Minute.

a) Wie groß ist die Wahrscheinlichkeit dafür, daß genau 12 Impulse registriert werden?

b) Wie wahrscheinlich ist es, daß höchstens 12 Impulse gezählt werden?

c) Wie wahrscheinlich ist es, daß gar keine Impulse festgestellt werden?

Der letzte Fall hätte zur Folge, daß man das Meßgerät für defekt halten könnte, obwohl die Messung in Wirklichkeit einwandfrei wäre.

a)
A 12. λ

12. x
.1143679155 P

B .5759652486 ΣP

b)
A 12. λ

0. x
.0000061442 P

a) Die Wahrscheinlichkeit, exakt 12 Impulse zu zählen, beträgt also nur rund 11,4 %. Das bedeutet, daß die mittlere Impulsrate in nur einem von 9 Fällen auch tatsächlich eintritt.

b) Die Wahrscheinlichkeit, daß 0, 1, ..., 12 Impulse gezählt werden, beträgt ca. 58 %.

c) Die Wahrscheinlichkeit, überhaupt keine (x = 0) Impulse zu registrieren, beträgt 0,0006 %. Dieser Fall tritt im Mittel einmal unter ca. 162000 Messungen auf. Es ist also äußerst selten, daß ein defektes Zählrohr vorgetäuscht wird, obwohl der Meßwert in Wirklichkeit exakt ist. ■

7 Parameterschätzung

Um den Mittelwert μ einer Grundgesamtheit zu schätzen, berechnet man den empirischen Mittelwert

$$\bar{x} = \frac{1}{n}(x_1 + x_2 + \ldots + x_n) = \frac{1}{n}\sum_{i=1}^{n} x_i .$$

Zur Schätzung der Varianz σ^2 einer Grundgesamtheit berechnet man die empirische Varianz

$$s^2 = \frac{1}{n-1}((x_1 - \bar{x})^2 + (x_2 - \bar{x})^2 + \ldots + (x_n - \bar{x})^2) = \frac{1}{n-1}\sum_{i=1}^{n}(x_i - \bar{x})^2 .$$

Führt man also eine statistische Erhebung vom Umfang n durch, dann sind die berechneten Kenngrößen $\bar{x}$ und s nur Schätzwerte für die zugehörigen Parameter μ und σ der Grundgesamtheit. Es ergeben sich folgende Problemstellungen:

1. Die Parameter μ und σ der Grundgesamtheit sind unbekannt:
   a) Wenn man aus einer Stichprobe des Umfangs n die Kenngrößen $\bar{x}$ und s erhält, in welchem Bereich liegen dann die Kenngrößen μ und σ der Grundgesamtheit? Diese Frage führt zu dem Begriff des *Vertrauensbereichs* (Konfidenzintervalls) von Mittelwert bzw. Standardabweichung.
   b) Welche Aussage kann man über den Mittelwert $\bar{y}$ einer weiteren Stichprobe des Umfangs m aussagen, wenn bereits eine Stichprobe des Umfangs n mit $\bar{x}$ und s bekannt ist? In welchem Bereich ist eine zukünftige Beobachtung zu erwarten, wenn eine Stichprobe von n Einzelwerten mit $\bar{x}$ und s bereits gegeben ist? Diese Fragestellungen führen zu dem Begriff des *Prognoseintervalls.*
   c) In welchem Bereich liegt – mit vorgegebener Wahrscheinlichkeit – ein bestimmter Mindestanteil aller die Grundgesamtheit umfassenden Werte, wenn von einer Stichprobe die Kenndaten $\bar{x}$, s und n bekannt sind? Diese Problemstellung führt zu dem Begriff des *Toleranzintervalls.*
2. Die Kenngrößen μ und σ der Grundgesamtheit sind bekannt:
   a) Welche Kennwerte $\bar{x}$ und s kann man erwarten, wenn aus der Grundgesamtheit eine Stichprobe des Umfangs n gezogen wird? Dieses Problem läßt sich mit Hilfe der *Vertrauensbereiche* lösen.
   b) In welchem Abstand vom Mittelwert liegt ein bestimmter Anteil der Merkmalswerte bzw. außerhalb welcher Schranken liegt ein bestimmter Prozentsatz von Werten? Dieses Problem läßt sich durch Anwendung des Programms *Schranken der Normalverteilung* lösen.

7.1 Vertrauensbereich

7.1.1 Zweiseitiger Vertrauensbereich

Entnimmt man einer Grundgesamtheit eine Stichprobe von n Einzelwerten mit den Kenndaten $\bar{x}$ und s, dann liegt der wahre Wert, also der Mittelwert μ der Grundgesamtheit, im Bereich

$$\bar{x} - \frac{t \cdot s}{\sqrt{n}} \leqslant \mu \leqslant \bar{x} + \frac{t \cdot s}{\sqrt{n}} .$$

Den Bereich $\bar{x} \pm s'_{\bar{x}}$ mit $s'_{\bar{x}} = \frac{t \cdot s}{\sqrt{n}}$ bezeichnet man als Vertrauensbereich des Mittelwertes $\bar{x}$. Der Faktor t ist abhängig von der Anzahl n der Einzelwerte und von der statistischen Sicherheit, mit der das Vertrauensintervall berechnet werden soll.

7.1.2 Einseitiger Vertrauensbereich

Bei einigen Problemstellungen fragt man danach, oberhalb bzw. unterhalb welcher Schwelle der Wert μ mit gegebener Sicherheit anzutreffen ist. In diesem Fall müssen die t-Werte für einseitige Fragestellung verwendet werden. Es gilt:

$S_{einseitig} = \frac{1}{2}(1 + S_{zweiseitig})$, dabei ist S die statistische Sicherheit.

Programm *Berechnung der t-Werte*

Um unabhängig von Tabellenwerken zu sein, können die t-Werte mit dem Taschenrechner berechnet werden. Näherungsweise gilt:

$$t = e^{a_3 x^3 + a_2 x^2 + a_1 x + a_0} ,$$

wobei die Konstanten a, b, c und d von der gewählten statistischen Sicherheit S abhängen:

Statistische Sicherheit S	a_0	a_1	a_2	a_3
90 %	0,497789	0,920875	0,480730	− 0,056610
95 %	0,673214	1,197423	0,822983	− 0,151507
99 %	0,946832	1,875614	1,946116	− 0,614998
99,9 %	1,190872	2,945744	4,011123	− 1,691680

Die Konstanten müssen vor Programmbeginn in die jeweiligen Speicher eingelesen werden.

Speicherbelegung:

M 00 := a_0 M 01 := a_1 M 02 := a_2 M 03 := a_3 M 04 := x = 1/f

Programmschritte:

Programm-speicherplatz	Befehl	Erläuterung
000 bis 034	LBL A R/S Adv Prt 1/x STO 04 X RCL 03 + RCL 02 = X RCL 04 + RCL 01 = X RCL 04 + RCL 00 = INV ln x Prt Adv GTO A	 Eingabe: f $1/f = x$; M 04 := x $a_3\,x$ $a_2 + a_3\,x$ $x\,(a_2 + a_3\,x)$ $a_1 + x\,(a_2 + a_3\,x)$ $x\,(a_1 + x\,(a_2 + a_3\,x))$ $a_0 + x\,(a_1 + x\,(a_2 + a_3\,x))$ t Ausgabe: t

Anmerkung: Durch ein aufwendigeres Programm kann die vorherige Eingabe der Konstanten vermieden werden.

Ist S die statistische Sicherheit, dann gilt:

$$a_3 = \frac{\ln\left(\tan\frac{\pi S}{2}\right) - 6\ln\sqrt{2\,(1-S^2)^{-1}-1} + 8\ln\left(2\sqrt{(2\cos(\arccos(1-2S^2)/3)-1)^{-1}-1}\right) - 3\,a_0}{0{,}375}$$

$$a_2 = 2\ln\left(\tan\frac{\pi S}{2}\right) - 4\ln\sqrt{2\,(1-S^2)^{-1}-1} + 2\,a_0 - \frac{3}{2}\,a_3$$

$$a_1 = \ln\left(\tan\frac{\pi S}{2}\right) - a_0 - a_3 - a_2$$

Dabei sind:

$$a_0 = \ln\left(s^* - \frac{a_0^* + s^*\,(a_1^* + a_2^*\,s^*)}{1 + s^*\,(b_1^* + s^*\,(b_2^* + b_3^*\,s^*))}\right) \quad \text{mit} \quad s^* = \sqrt{\ln\left(\frac{2}{1-S}\right)^2} \quad \text{und}$$

$a_0^* = 2{,}515517$ $b_1^* = 1{,}432788$

$a_1^* = 0{,}802853$ $b_2^* = 0{,}189269$

$a_2^* = 0{,}010328$ $b_3^* = 0{,}001308$

Programmbedienung:

(1) Programm in den Rechner eingeben.

(2) Konstanten a_0, a_1, a_2 und a_3 in M 00, M 01, M 02 und M 03 speichern.

(3) Programm mit [A] starten und Freiheitsgrad f mit [R/S] eingeben.

Beispiele:

1) a_0, a_1, a_2, a_3 für S = 95 % eingeben.

```
A              1.   f
    12.70649144     t


              10.
     2.227844716


             100.
     1.984308274


            1000.
     1.962878947
```

2) Eine Stichprobe vom Umfang 10 hat ergeben:

$\overline{x} = 41{,}3 \qquad s = 0{,}37$

Die Anzahl der Freiheitsgrade ist $f = n - 1 = 10 - 1 = 9$. Für eine statistische Sicherheit von 99 % erhält man $t = 3{,}250$. Also erhält man für μ das Vertrauensintervall

$$\mu \pm \frac{3{,}25 \cdot 0{,}37}{10}, \qquad \text{d.h.} \quad 40{,}92 \leqslant \mu \leqslant 41{,}68 .$$ ■

Anmerkung: Bei genügend großem Stichprobenumfang kann man statt der t-Werte die entsprechenden Werte der Normalverteilung benutzen.

7.2 Prognoseintervall

Die Prognoseintervalle sind von Bedeutung, wenn man aus einer gegebenen Menge von Daten auf weitere Werte, die bei zukünftigen Messungen anfallen, schließen will.

Gegeben sei aus einer Grundgesamtheit eine Stichprobe von n Merkmalswerten mit den Kenndaten $\overline{x}$ und s. In welchem Bereich wird der Mittelwert $\overline{y}$ einer zweiten Stichprobe von m Einzelwerten liegen, wenn von n Einzelwerten Mittelwert $\overline{x}$ und Streuung s bereits bekannt sind?

Bezeichnet man die statistische Sicherheit für den Bereich, in dem $\overline{y}$ liegen soll, mit S, dann gilt für das Prognoseintervall von $\overline{y}$:

$$\overline{x} - t \cdot s \sqrt{\frac{1}{n} + \frac{1}{m}} < \overline{y} < \overline{x} + t \cdot s \sqrt{\frac{1}{n} + \frac{1}{m}} .$$

Dabei ist t die Schranke der t-Verteilung für $f = n - 1$ Freiheitsgrade und die statistische Sicherheit S bei zweiseitiger Fragestellung.

Ein Spezialfall liegt vor, wenn die zweite Stichprobe nur einen Wert umfaßt (m = 1). Man erhält dann die Beziehung

$$\overline{x} - t \cdot s \sqrt{\frac{n+1}{n}} < y < \overline{x} + t \cdot s \sqrt{\frac{n+1}{n}} .$$

Beispiel: Bei der Bestimmung des Rückstandes von Pflanzenschutzmitteln in Milch wurden folgende Gehalte gemessen:

4,3 5,6 4,8 5,2 5,3 4,9 4,5 4,1 5,3 5,6

Wenn eine weitere Messung durchgeführt wird, in welchem Bereich wird dann der Wert zu erwarten sein? (S = 95 %)

1. Schritt. Bestimmung von $\bar{x}$ und s aus den Meßwerten mit Hilfe des Programms *Arithmetisches Mittel, mittlere quadratische Abweichung und Standardabweichung:*

$$\bar{x} = 4{,}96$$
$$s = 0{,}53$$

2. Schritt: Für die statistische Sicherheit von 95 % und die Anzahl der Freiheitsgrade $f = n - 1 = 10 - 1 = 9$ ergibt sich $t = 2{,}262$.

3. Schritt. Durch Einsetzen in die Formel ergibt sich:

$$4{,}96 - 2{,}262 \cdot 0{,}530 \sqrt{\tfrac{11}{10}} < y < 4{,}96 + 2{,}262 \cdot 0{,}530 \sqrt{\tfrac{11}{10}}$$
$$4{,}96 - 1{,}26 < y < 4{,}96 + 1{,}26$$
$$3{,}70 < y < 6{,}22$$

Das weite Prognoseintervall kommt durch die starke Streuung der Werte der ersten Stichprobe zustande. ■

7.3 Toleranzintervall

7.3.1 Zweiseitiges Tolerenzintervall

Fragt man nach den ober- und unterhalb des Mittelwertes $\bar{x}$ liegenden Grenzen, innerhalb derer mit der statistischen Sicherheit S der Anteil A aller Werte der Grundgesamtheit liegen, so ist für eine Stichprobe aus n Einzelwerten mit den Kenndaten $\bar{x}$ und s dieser Bereich durch die folgenden Grenzen gegeben (zur Bedeutung von χ^2 s. Kapitel 11):

$$\begin{array}{ll} \text{Untere Grenze: } \bar{x} - cs \\ \text{Obere Grenze: } \bar{x} + cs \end{array} \quad \text{mit} \quad c = r \sqrt{\frac{n-1}{\chi^2_{(P=1-S,\, f=n-1)}}}\,.$$

Dabei ist r durch die folgende Gleichung definiert:

$$s = \frac{1}{\sqrt{2\pi}} \int_{1/\sqrt{n}-r}^{1/\sqrt{n}+r} e^{-x^2/2}\, dx\,.$$

Da diese Gleichung nicht explizit nach r auflösbar ist, müssen die Werte für c entweder einer Tabelle entnommen werden oder näherungsweise berechnet werden. Dies kann über eine ähnliche Beziehung wie bei der Berechnung der t-Werte erfolgen. Es gilt:

$$c = e^{(a_0 + a_1 x + a_2 x^2 + a_3 x^3 + a_4 x^4)} \quad \text{mit} \quad x = 1/n\,.$$

In der Tabelle sind für $2 < n < 200$ die Konstanten a_0 bis a_4 zur Berechnung der c-Werte für verschiedene Anteile A und unterschiedliche Sicherheiten S zusammengestellt.

Tabelle: Konstanten a_0 bis a_4 zur Berechnung von $c = e^{a_0 + x(a_1 + x(a_2 + x(a_3 + a_4 x)))}$ für die Ermittlung des zweiseitigen Toleranzintervalls

Anteil A der Grundgesamtheit, der im Toleranzintervall liegt	Statistische Sicherheit S	a_0	a_1	a_2	a_3	a_4
90 %	90 %	0,550687	4,920606	−14,621770	43,166676	−31,691270
	95 %	0,565496	6,202816	−18,568440	55,691234	−40,330114
	99 %	0,595186	8,654870	−24,681903	78,279082	−55,388595
95 %	90 %	0,725483	4,930747	−14,841064	43,667466	−32,084027
	95 %	0,740679	6,191356	−18,654434	56,038456	−40,792249
	99 %	0,769291	8,696865	−25,083116	79,200673	−56,145660
99 %	90 %	0,998790	4,932015	−15,040250	43,900816	−32,125845
	95 %	1,014286	6,187547	−18,820085	56,154767	−40,689296
	99 %	1,042184	8,706428	−25,462568	80,269801	−57,191221

Programm *c-Werte für zweiseitige Toleranzintervalle*

Vor Programmbeginn sind die Konstanten a_0 bis a_4 nach der voranstehenden Tabelle in die Speicher M 00 bis M 04 einzugeben.

Speicherbelegung:

M 00 := a_0 M 01 := a_1 M 02 := a_2 M 03 := a_3 M 04 := a_4
M 05 := x = 1/n

Programmschritte:

Programmspeicherplatz	Befehl	Erläuterung
000	LBL A	
bis	R/S Adv Prt	Eingabe: n
041	1/x STO 05	$x = 1/n$ $x \rightarrow$ M 05
	X RCL 04	$a_4 x$
	+ RCL 03 =	$a_3 + a_4 x$
	X RCL 05	$x(a_3 + a_4 x)$
	+ RCL 02 =	$a_2 + x(a_3 + a_4 x)$
	X RCL 05	$x(a_2 + x(a_3 + a_4 x))$
	+ RCL 01 =	$a_1 + x(a_2 + x(a_3 + a_4 x))$
	X RCL 05	$x(a_1 + x(a_2 + x(a_3 + a_4 x)))$
	+ RCL 00 =	$a_0 + x(a_1 + x(a_2 + x(a_3 + a_4 x)))$
	INV ln x	
	Prt Adv	Ausgabe: c
	GTO A	

Programmbedienung:

(1) Programm in den Rechner eingeben.

(2) Konstanten a_0 bis a_4 nach der Tabelle in die Speicher M 00 bis M 04 geben.

(3) Programm mit [A] starten; n mit [R/S] eingeben.
Ausgegeben wird der c-Wert.

Beispiele:

1) Nach Eingabe der Konstanten a_0 bis a_4 für A = 95 % und S = 99 % erhält man für n = 10:

A	10.	n	0.769291	M 00	eingegebene
	4.313425841	c	8.696865	M 01	Konstanten
			-25.083116	M 02	
			79.200673	M 03	
			-56.14566	M 04	

2) Aus der laufenden Produktion von Maschinenschrauben wird eine Stichprobe vom Umfang 25 entnommen. Man findet $\overline{x} = 50{,}02$ mm und $s = 0{,}08$ mm. In welchem Bereich werden mit 99 % Sicherheit mindestens 95 % der zukünftigen Schraubenlängen liegen, wenn die Produktion sich nicht ändert?

A	25.	n
	2.950450069	c

Für die Grenzen des Toleranzintervalls erhält man

$$\overline{x} - cs = 50{,}02 - 2{,}95 \cdot 0{,}08 = 49{,}784 \approx 49{,}78 \text{ (mm)}$$
$$\overline{x} + cs = 50{,}02 + 2{,}95 \cdot 0{,}08 = 50{,}256 \approx 50{,}26 \text{ (mm)}$$

■

7.3.2 Einseitiges Toleranzintervall

Gegeben sind n Merkmalswerte einer Stichprobe aus einer Grundgesamtheit mit den Kenndaten $\overline{x}$ und s. Gefragt ist nach einem Grenzwert, oberhalb bzw. unterhalb dessen mit der statistischen Sicherheit S der Anteil A der Merkmalswerte der Grundgesamtheit liegt. Es gilt:

Untere Grenze: $x - ks$
Obere Grenze: $x + ks$

$$\text{mit} \quad k = \frac{2(n-1)}{2(n-1) - z_S^2}\left[z_A + \frac{z_S}{\sqrt{2(n-1)}}\sqrt{2\,\frac{n-1}{n} + z_A^2 - \frac{z_S^2}{n}}\right].$$

Dabei sind z_S und z_A die Schranken der Normalverteilung bei einseitiger Fragestellung.

Die Schranken z_S und z_A können mit Hilfe des Programms *Schranken der Normalverteilung* berechnet werden, wenn man für S* folgende Werte einsetzt (Umrechnung auf die Grenzen $-\infty$ und z):

Für z_S ist $S_S^* = 2\,(S - 0{,}50)$.
Für z_A ist $S_A^* = 2\,(A - 0{,}50)$.

Anmerkung: Der Anteil A stellt eine Mindestangabe dar: Es liegen mindestens A aller Einzelwerte oberhalb bzw. unterhalb der entsprechenden Schranke.

Programm *k-Werte für einseitige Toleranzintervalle*

Vor Programmbeginn werden die Werte z_S und z_A bestimmt.

Speicherbelegung:

M 00 : = z_S M 01 : = z_A M 02 : = n

M 03 Zwischen- und Ergebnisspeicher M 04 Zwischenspeicher

Programmschritte:

Programm-speicherplatz	Befehl	Erläuterung
000	LBL A	
bis	R/S Prt STO 00	Eingabe: z_S
075	R/S Prt STO 01	Eingabe: z_A
	R/S Prt STO 02	Eingabe: n
	RCL 02 − 1 = X 2 =	2 (n − 1)
	STO 05	2 (n − 1) → M 05
	: (RCL 05 − RCL 00 x^2	
	) = STO 03	erster Term → M 03
	RCL 00 x^2 : RCL 02	Berechnung des Radikanden
	+/− + RCL 01 x^2 +	
	RCL 05 : RCL 02 =	
	$\sqrt{x}$ X RCL 00 :	
	RCL 05 $\sqrt{x}$ =	
	+ RCL 01 =	
	X RCL 03 =	
	Adv Prt Adv	Ausgabe: k
	GTO A	

Programmbedienung:

(1) Programm in den Rechner eingeben.

(2) Programm mit [A] starten und Werte für z_S, z_A und n eingeben.
Ausgegeben wird der k-Wert.

Beispiel: Aus der laufenden Produktion von Stahlkugeln wurde eine Stichprobe vom Umfang n = 100 entnommen. Sie ergab:

$$\bar{x} = 159{,}2 \text{ g} \quad \text{und} \quad s = 0{,}35 \text{ g} .$$

Bestimme die obere Grenze, unterhalb derer mit 95 % Sicherheit mindestens 99 % der produzierten Stahlkugeln liegen.

Es ist:

$$S_S^* = 2\ (0{,}95 - 0{,}50) = 0{,}90$$

$$S_A^* = 2\ (0{,}99 - 0{,}50\ ) = 0{,}98$$

Das Programm *Schranken der Normalverteilung* liefert für diese Werte:

$z_S = 1{,}6452$ und $z_A = 2{,}3268$.

Mit diesen Werten ergibt sich:

```
A      1.6452  zS
       2.3268  zA
         100.  n

  2.680790075  k
```

D.h.: Es liegen mit 95 % Sicherheit 99 % der noch zu produzierenden Stahlkugeln unter $\overline{x} + ks = 159{,}2 + 2{,}68 \cdot 0{,}35 \approx 160{,}14$ g. ■

8 Umfang von Stichproben

Bei der Planung von statistischen Erhebungen stellt sich die Frage: Wie viele Messungen sind mindestens durchzuführen, damit der Mittelwert $\bar{x}$ der Stichprobe um nicht mehr als einen bestimmten Betrag d – bei vorgegebener statistischer Sicherheit – vom Mittelwert μ der Grundgesamtheit abweicht?

Es sind zwei Fälle zu unterscheiden:

a) Die Streuung σ ist bekannt,

b) die Streuung σ ist unbekannt.

8.1 Stichprobenumfang bei bekannter Streuung

Sind von der Grundgesamtheit μ und σ bekannt, dann kann man in der Gleichung für den Vertrauensbereich (s. Kap. 7.1) den t-Wert durch die Schranke z der Normalverteilung und die geschätzte Streuung s durch die Standardabweichung σ der Grundgesamtheit ersetzen. Es gilt:

$$\bar{x} - \frac{z(S) \cdot \sigma}{\sqrt{n}} \leqslant \mu \leqslant \bar{x} + \frac{z(S) \cdot \sigma}{\sqrt{n}} .$$

Durch Umformung erhält man dann für die statistische Sicherheit S:

$$|\bar{x} - \mu| = \frac{z(S) \cdot \sigma}{\sqrt{n}} .$$

Die Auflösung dieser Gleichung nach n liefert die Beziehung

$$n = \frac{z^2(S) \cdot \sigma^2}{(\bar{x} - \mu)^2} .$$

Der berechnete n-Wert stellt den minimalen Stichprobenumfang dar, der mindestens erforderlich ist, damit der wahre Mittelwert μ mit der statistischen Sicherheit S um nicht mehr als einen vorgegebenen Betrag $d = |\bar{x} - \mu|$ vom Wert $\bar{x}$ abweicht.

Der so berechnete n-Wert ist im allgemeinen keine ganze Zahl. Da der Stichprobenumfang aber nur ganzzahlig sein kann, ist das effektiv benötigte n die kleinste ganze Zahl, die größer als das so berechnete n ist:

$$n = \text{Int}\left(1 + \frac{z^2(S) \cdot \sigma^2}{d^2}\right).$$

Die Schranke z ist die Integralgrenze der Normalverteilung bei zweiseitiger Fragestellung und kann mit dem Programm *Schranken der Normalverteilung* ermittelt werden.

Programm *Stichprobenumfang bei bekannter Streuung*

Speicherbelegung:

M 00 := d M 01 := σ M 02 := S

Programmschritte:

Programm-speicherplatz	Befehl	Erläuterung
000 bis 032	LBL A R/S Prt STO 00 R/S Prt STO 01 R/S Prt STO 02 RCL 02 X RCL 01 : RCL 00 = x^2 + 1 = Int Adv Prt Adv GTO A	 Eingabe: d Eingabe: σ Eingabe: z Ausgabe: n

Programmbedienung:

(1) Programm in den Rechner eingeben.

(2) Programm mit [A] starten; Werte für d, σ, z eingeben. Ausgegeben wird n.

Beispiel: Eine bestimmte Methode zum Nachweis von Cadmium in pflanzlichem Gewebe hat eine Streuung von 0,1 mg pro kg untersuchten Gewebes. Wie viele Wiederholungsmessungen sind durchzuführen, wenn der Mittelwert $\bar{x}$ um nicht mehr als 0,05 mg vom tatsächlichen Gehalt μ abweichen darf? Die Sicherheit der Aussage soll mit 95 % geschehen.

Das Programm *Schranken der Normalverteilung* liefert für S = 0,95:

```
A            0.95  S
      1.960394917  z
```

Mit den vorgegebenen Werten erhält man somit:

```
A            0.05  d
              0.1  σ
             1.96  z

              16.  n
```

Der Mindestumfang der Stichprobe (Anzahl der Wiederholungsmessungen) muß also 16 betragen. ■

8.2 Stichprobenumfang bei unbekannter Streuung

Wenn von einer Grundgesamtheit sowohl μ als auch σ unbekannt sind, dann lassen sich für Mittelwert und Streuung nur die Schätzwerte $\bar{x}$ und s angeben. Für den Wert μ gilt dann:

$$\bar{x} - \frac{t(S, f = n-1) \cdot s}{\sqrt{n}} \leqslant \mu \leqslant \bar{x} + \frac{t(S, f = n-1) \cdot s}{\sqrt{n}} .$$

Mit $d = \bar{x} - \mu$ folgt dann:

$$n = \text{Int}\left(1 + \frac{t^2(S, f = n-1) \cdot s^2}{d^2}\right).$$

Da auch der t-Wert von n abhängt, kann die Beziehung nicht explizit berechnet werden. Weiterhin ist zu berücksichtigen, daß σ unbekannt ist. Das Problem kann man lösen, wenn man für σ eine obere Schranke s^0 annimmt und diese mit der Standardabweichung s der Stichprobe gleichsetzt. Man berechnet dann nacheinander für $n = 2$, $n = 3$, $n = 4$ usw. den Ausdruck

$$d' = \frac{t(S, f = n-1)}{\sqrt{n}}.$$

Dieses Verfahren führt man solange fort, bis der Wert d' kleiner wird als die vorgegebene Differenz $d = \bar{x} - \mu$. Der Wert n stellt dann den minimalen Stichprobenumfang dar.

Programm *Stichprobenumfang bei unbekannter Streuung*

Vor Programmbeginn müssen die Konstanten zur Berechnung von t in die Speicher M 00 bis M 03 gegeben werden.

Statistische Sicherheit S	d	c	b	a
90 %	0,497789	0,920875	0,480730	− 0,056610
95 %	0,673214	1,197423	0,822983	− 0,151507
99 %	0,946832	1,875614	1,946116	− 0,614998
99,9 %	1,190872	2,945744	4,011123	− 1,691680

Speicherbelegung:

M 00 := a	M 01 := b	M 02 := c	M 03 := d
M 04 := n	M 05 := x	M 06 := s^0	M 07 := $\bar{x} - \mu$

Programmschritte:

Programm-speicherplatz	Befehl	Erläuterung
000	LBL A	
bis	R/S Prt STO 06	Eingabe: s^0; $s^0 \rightarrow$ M 06
012	R/S Prt STO 07	Eingabe: d; $d \rightarrow$ M 07
	2 STO 04	n := 2

Programmschritte: Fortsetzung

013 bis 065	LBL A' RCL 04 − 1 = 1/x STO 05 X RCL 00 + RCL 01 = X RCL 05 + RCL 02 = X RCL 05 + RCL 03 = INV ln x X RCL 06 : RCL 04 $\sqrt{x}$ = − RCL 07 = INV x ≥ t C 1 SUM 04 GTO A'	 n := n − 1 x = 1/(n − 1); x → M 05 ax b + ax x (b + ax) c + x (b + ax) x (c + x (b + ax)) d + x (c + x (b + ax)) t t s^0 / $\sqrt{n}$ = d' d' − d
066 bis 074	LBL C RCL 04 Adv Prt Adv GTO A	 Ausgabe: n

Programmbedienung:

(1) Programm in den Rechner eingeben.

(2) Konstanten zur Berechnung von t in die Speicher M 00 bis M 03 geben.

(3) Programm mit [A] starten; Werte für s^0 und d eingeben. Ausgegeben wird der Stichprobenumfang n.

Beispiel: Wir betrachten das voranstehende Beispiel und machen dabei die Annahme, daß die Standardabweichung σ der Grundgesamtheit noch nicht bekannt sei. Aus einigen Einzelmessungen wird s abgeschätzt zu s = 0,15 mg. Die Abweichung d zwischen tatsächlichem Mittelwert μ und Mittelwert $\bar{x}$ der Stichprobe soll nicht mehr als 0,05 mg betragen. Wie groß muß die Stichprobe (Anzahl der Wiederholungsmessungen) sein, wenn die Aussage mit der statistischen Sicherheit von 95 % erfolgen soll?

1. Schritt. Eingabe der Konstanten in die Speicher.

Ausdruck der Speicher	-0. 151507	M 00
zur Kontrolle	0. 822983	M 01
	1. 197423	M 02
	0. 673214	M 03

2. Schritt. Arbeiten mit dem Programm

A 0. 15 s^0
0. 05 d

38. n

Die Anzahl der Wiederholungsmessungen muß mindestens 38 betragen. ■

8.3 Sequentielle Verfahren

Bei den üblichen statistischen Verfahren wird der Umfang der Stichprobe bereits vor der statistischen Erhebung festgelegt. Bei den sequentiellen Verfahren ist der Stichprobenumfang davon abhängig, welche Stichprobenergebnisse nacheinander jeweils anfallen.

Um ein Testdiagramm für vorgegebene statistische Sicherheit S zu zeichnen, wird mit Hilfe des Programms *Binomialverteilung* bestimmt, für welches x bei vorgegebenem n der Ablehnungsbereich erreicht wird. Die berechneten x-Werte werden in ein Koordinatensystem eingetragen.

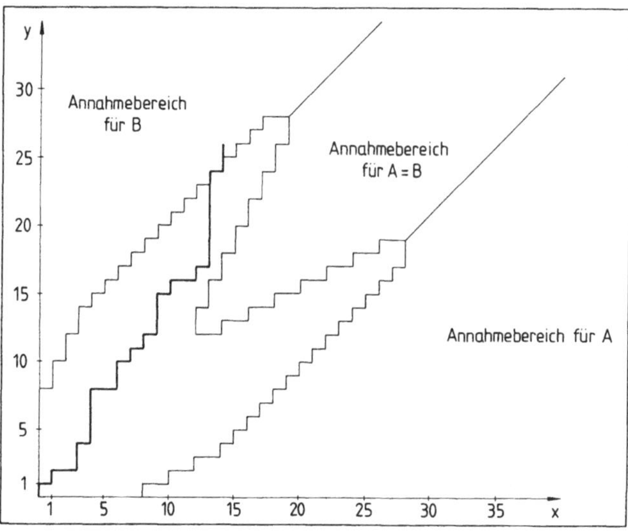

Abb. 23 Diagramm für zweiseitige sequentielle Verfahren
(p = 0,5 und S = 95 %)

Beispiel: Mit einem Programm werden Zufallszahlen zwischen 1 und 3 erzeugt. Mit der statistischen Sicherheit S = 95 % soll geprüft werden, ob gerade Zahlen (x = 2) oder ungerade Zahlen (y = 1 oder 3) häufiger bzw. gleichhäufig auftreten:

1., 2., 3., 2., 2., 3., 1., 2., 1., 3., 3., 3., 2., 2., 1., 3., 2., 1., 2., 1., 2., 3., 1., 1., 2., 3., 2., 2., 1., 2., 3., 3., 3., 3., 1., 1., 3., 2., 1., 1., 2., 1., 1., 1., 3., 2., 1., 1., 1., 1., 1., 2.

Wenn eine gerade Zahl auftritt, wird ein waagerechter Strich gezeichnet. Wenn eine ungerade Zahl auftritt, wird ein lotrechter Strich gezogen. Wenn der Streckenzug das mittlere Gebiet verläßt, wird die Erhebung abgebrochen.

Der Streckenzug im Testdiagramm zeigt (in Übereinstimmung mit der Theorie): Ungerade Zahlen treten häufiger auf. Die statistische Erhebung kann nach dem 40. Zug abgebrochen werden.

9 Testverfahren für intervallskalierte Daten

Ein wichtiger Teil der in der Statistik gebräuchlichen Verfahren dient der Überprüfung von Hypothesen. Hierbei ist jedoch zu beachten:

- Es können nur Unterschiede zweier Größen statistisch geprüft werden, also etwa der Unterschied zwischen zwei Mittelwerten. Ist ein Unterschied statistisch nicht erkennbar, dann kann die Gleichheit der beiden zu vergleichenden Größen lediglich nicht widerlegt werden. Grundsätzlich ist ein strenger Beweis oder eine strenge Widerlegung einer aufgestellten Hypothese mit statistischen Methoden nicht möglich.
- Für das Beibehalten oder Verwerfen einer Hypothese kann man stets nur eine mehr oder weniger große Wahrscheinlichkeit angeben, die dafür spricht, daß eine Hypothese zutrifft oder falsch ist.

9.1 Grundbegriffe des Testens

9.1.1 Signifikanzniveau und statistische Sicherheit

Zur Durchführung eines statistischen Tests wird zunächst eine Nullhypothese aufgestellt. Der statistische Test muß nun zeigen, mit welcher Sicherheit man die Nullhypothese verwerfen kann, d.h. mit welcher Wahrscheinlichkeit man den Unterschied der beiden zu vergleichenden Größen feststellen kann. Dies geschieht mit einer vorgegebenen Irrtumswahrscheinlichkeit (Signifikanzniveau) α. Diese gibt an, in wieviel Prozent aller Fälle die Nullhypothese widerlegt wird, obwohl sie zutrifft.

Um z.B. einen Unterschied der beiden Mittelwerte μ_1 und μ_2 feststellen zu können, behauptet man zunächst, daß $\mu_1 = \mu_2$ ist. Der entsprechende statistische Test soll jetzt erweisen, mit welcher statistischen Sicherheit man diese Behauptung widerlegen kann. Diese Wahrscheinlichkeit wird mit S bezeichnet. Die Differenz $1 - S$ ist die Irrtumswahrscheinlichkeit α.

Mit der Festlegung eines bestimmten Wertes für S legt man fest, ab wann man die Nullhypothese als widerlegt anerkennen will.

Beispiel: Wenn zu entscheiden ist, ob der Mittelwert μ einer Produktion einen Sollwert μ_0 einhält oder nicht, stellt man die Nullhypothese $\mu = \mu_0$ auf, die dann aufgrund des Stichprobenmaterials getestet und dann verworfen oder nicht verworfen wird.

Da der aus der Stichprobe ermittelte Wert $\bar{x}$ ein Schätzwert für μ ist, wird die Nullhypothese abgelehnt, wenn $\bar{x}$ signifikant von μ_0 abweicht, d.h., wenn $|\bar{x} - \mu_0|$ einen kritischen Wert c überschreitet. Man bestimmt dabei c so, daß die unter der Voraussetzung der Nullhypothese berechnete Wahrscheinlichkeit $P(|\bar{X} - \mu_0| > c)$ größer als das Signifikanzniveau α ist. Die Festlegung von c ist dann so getroffen, daß $P(|\bar{X} - \mu_0| \leqslant c) = S$ ist.

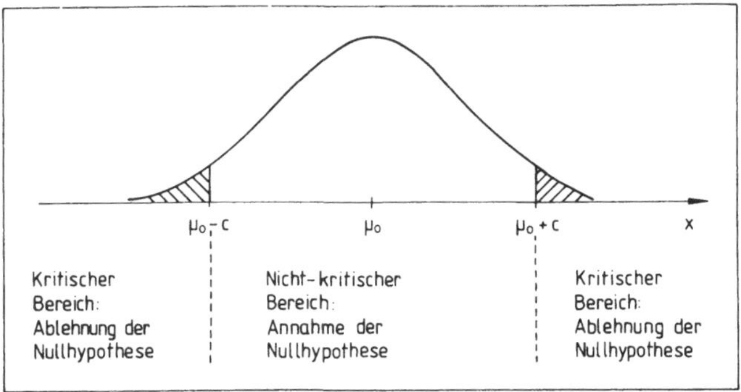

Abb. 24
Annahme- und Ablehnungsbereich einer Hypothese

Das Äußere des Intervalls $[\mu_0 - c; \mu_0 + c]$ nennt man *kritischen Bereich, Ablehnungsbereich* oder *Verwerfungsbereich.* Wenn $\bar{x}$ in diesen Bereich fällt, wird die Nullhypothese zugunsten der Alternativhypothese $\mu \neq \mu_0$ abgelehnt. Fällt $\bar{x}$ in den nicht-kritischen Bereich, dann wird die Nullhypothese nicht abgelehnt. Man sagt dann auch, die Nullhypothese wird angenommen. ■

9.1.2 Fehler erster und zweiter Art

Bei der empirischen Prüfung von Hypothesen können zwei Arten von Fehlern auftreten:

- Eine an sich richtige Nullhypothese wird zugunsten einer Alternativhypothese verworfen (Alpha-Fehler bzw. Fehler erster Art).
- Eine an sich richtige Alternativhypothese wird zugunsten der Nullhypothese verworfen (Beta-Fehler bzw. Fehler zweiter Art).

Bei jedem Testverfahren muß geprüft werden, ob ein Fehler 1. oder ein Fehler 2. Art schwerwiegendere Konsequenzen hat. Je höher man das Signifikanzniveau für die Prüfung einer Nullhypothese ansetzt, desto größer wird die Wahrscheinlichkeit, daß man einen Beta-Fehler begeht. Oft kann man diesen Schwierigkeiten durch pragmatisches Handeln entgehen:

- Wenn die Nullhypothese eine allgemein anerkannte Theorie enthält, wenn ihr *Verwerfen* ernste Folgen (z.B. finanzieller Art) hat, setzt man das Signifikanzniveau streng an, d.h. man fordert hohe Signifikanz auf dem 1 %- oder sogar auf dem 0,1 %-Niveau.
- Wenn die Nullhypothese eine in der Fachwelt bis dahin allgemein bestrittene Auffassung widerspiegelt, wenn ihre *Beibehaltung* ernste Folgen hat, setzt man das Signifikanzniveau milde an, d.h. man verwirft die Nullhypothese z.B. schon auf dem 10 %- oder auf dem 25 %-Niveau.
- Sind die Prioritäten unsicher und kann man mögliche Folgen nicht abschätzen, testet man auf einem mittleren Signifikanzniveau, etwa 5 %.

Beispiele:

1) Bei einer gerichtsmedizinischen Untersuchung sollen Farbspuren an der Kleidung eines verdächtigen Täters mit dem Lack eines Kraftfahrzeugs verglichen werden, in dem ein Verbrechen begangen worden ist. Der Täter gilt als überführt, wenn nachgewiesen werden kann, daß beide Farbproben in ihren Eigenschaften übereinstimmen. Man untersucht die erste Farbprobe mehrmals und erhält den Mittelwert $\bar{x}_1$. Entsprechend erhält man für die zweite Farbprobe als Mittelwert der Untersuchungen $\bar{x}_2$.

Würde man zu Unrecht die Gleichheit der beiden Farbproben annehmen, d.h. also die sicherlich vorhandenen Unterschiede zwischen $\bar{x}_1$ und $\bar{x}_2$ als zufällig ansehen, dann würde man den Verdächtigen zu Unrecht verurteilen, wenn in Wahrheit beide Farbproben nicht der gleichen Grundgesamtheit entstammen. Der gemachte Fehler 2. Art wäre ein folgenschwerer Fehler.

2) Wird eine größere Lieferung bei der Annahme durch eine Stichprobe kontrolliert, so testet man die Hypothese, daß die Sendung den Lieferbedingungen entspricht. Wird die Sendung aufgrund des Tests als „entspricht nicht den Lieferbedingungen" zurückgewiesen, so kann es durchaus sein, daß die Sendung in Wirklichkeit doch den Lieferbedingungen entspricht. Bei diesem Verhalten begeht man einen Fehler 1. Art (Produzentenrisiko). Es kann aber auch sein, daß die Sendung aufgrund des Tests angenommen wird, obwohl sie in Wirklichkeit nicht den Lieferbedingungen entspricht. Bei diesem Verhalten begeht man einen Fehler 2. Art (Konsumentenrisiko). ■

9.1.3 Ein- und zweiseitige Tests

Hypothesen, in denen die Richtung etwaiger erwarteter Unterschiede nicht festgelegt ist, nennt man *zweiseitig.* Die Hypothese wird abgelehnt, wenn das Testergebnis zu groß oder zu klein ist. Der kritische Bereich zerfällt dann in zwei Teilintervalle (Abb. 24).

Beispiele:

1) Wird die Hypothese „Die Wahrscheinlichkeit für das Auftreten von Wappen beim Werfen einer Münze ist 0,5" zweiseitig getestet, dann kann als Ergebnis des Tests herauskommen, daß die Hypothese verworfen wird, weil die Anzahl der geworfenen Wappen zu groß oder zu klein ist.

2) Grundschulkinder, die nach einer bestimmten Methode unterrichtet worden sind, können sich nach zweijährigem Unterricht von anderen gleichaltrigen Schülern unterscheiden. Ihre Rechtschreibeleistungen können besser oder schlechter sein als die von Schülern, die anders unterrichtet worden sind. Der Test sollte zweiseitig erfolgen. ■

Hypothesen, in denen die Richtung etwaiger erwarteter Unterschiede festgelegt ist, nennt man *einseitig.* Die Hypothese wird nur dann abgelehnt, wenn je nach Richtung der Hypothese das Testergebnis entweder zu groß oder zu klein ist. Der kritische Bereich besteht nur aus einem Intervall (Abb. 25).

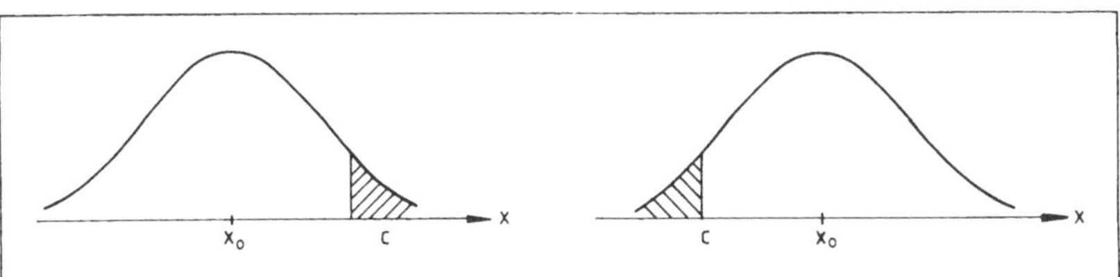

Abb. 25 Schema von einseitigen Tests

Beispiele:

1) Soll die Festigkeit eines Materials getestet werden, so wird man nicht prüfen, ob die Festigkeit nach oben oder unten von dem Sollwert abweicht. Man wird vielmehr testen, ob mindestens die Sollfestigkeit erreicht wird.

2) Wenn ein Luftgewehrhersteller eine Treffsicherheit von 70 % garantiert, dann wird man nicht testen, ob die Treffsicherheit von 70 % abweicht, sondern ob die Treffsicherheit mindestens 70 % beträgt.

3) Wenn ein neues Medikament B gegenüber einem älteren Medikament A getestet werden soll, dann wird man prüfen, ob B wirksamer als A ist. ■

Die Abb. 26 veranschaulicht die Wahrscheinlichkeiten für einen Fehler erster Art und einen Fehler zweiter Art für die Nullhypothese $x = x_0$ gegenüber der Alternativhypothese $x = x_1$. Wenn die Grenze c des kritischen Bereichs verschoben wird, ändern sich die Fehler erster und zweiter Art.

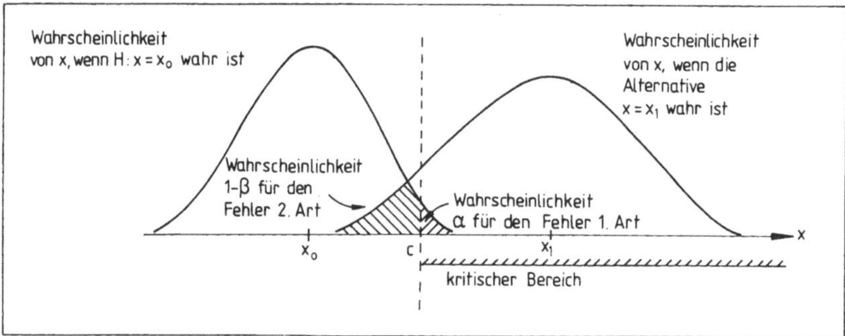

Abb. 26 Zusammenhang zwischen Fehlern 1. und 2. Art

Je nach der Lage von x_1 ergibt sich eine mehr oder weniger große Wahrscheinlichkeit $1 - \beta$ für den Fehler zweiter Art. Die Funktion $\beta(x_1)$ heißt Gütefunktion des Tests, die Funktion $x_1 \to 1 - \beta(x_1)$ heißt Operationscharakteristik des Tests.

Die Operationscharakteristik eines Tests hängt vom Stichprobenumfang ab (Abb. 27).

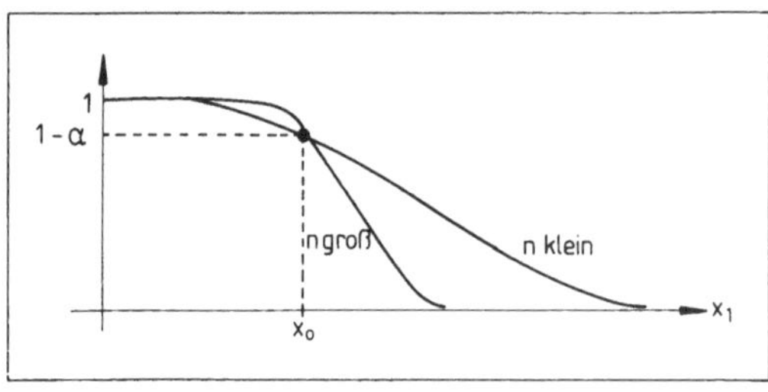

Abb. 27 Operationscharakteristiken für einen einseitigen Test

Durch Vergrößern von n erhält die Operationscharakteristik eine steilere Flanke: Der Test hat an Trennschärfe gewonnen. Aber die Erhöhung des Stichprobenumfangs erfordert im allgemeinen auch höhere Mehrkosten.

9.2 Vergleich von Varianzen (F-Test)

Mit diesem Test kann geprüft werden, ob sich zwei unterschiedlich große Varianzen bzw. Standardabweichungen s_1 und s_2, die aus zwei verschiedenen Stichproben mit jeweils n_1 bzw. n_2 Merkmalswerten stammen, nur zufällig aufgrund der Streuung der Werte oder aber systematisch unterscheiden. Ist ein systematischer Unterschied nicht nachweisbar, so läßt sich die Nullhypothese des Tests „Die Standardabweichungen s_1 und s_2 gehören der gleichen Grundgesamtheit mit der Streuung σ an" nicht widerlegen. Im anderen Fall gehören die Merkmalswerte beider Stichproben jeweils einer anderen Verteilung an.

Voraussetzung für den F-Test ist, daß die Werte normalverteilt und ausreißerfrei sind. Geringe Abweichungen von der Normalverteilung können zu einer falschen Testinterpretation führen. Dies ist aber nur dann kritisch, wenn die Anzahl der Werte in beiden Meßreihen oder Stichproben sehr unterschiedlich ist. Man sollte daher nach Möglichkeit Stichproben mit gleichem Umfang wählen.

Anmerkungen: Kann man sicher nachweisen, daß eine oder beide Stichproben nicht normalverteilt sind, dann sind verteilungsunabhängige Testverfahren anzuwenden.

Zur Durchführung des Tests berechnet man zunächst die Prüfgröße

$$F = \frac{s_1^2}{s_2^2} \quad \text{mit} \quad s_1 > s_2 \,.$$

Dabei muß s_1 die größere der beiden Standardabweichungen sein, d.h. s_1 muß aus der Stichprobe mit der größeren Streuung stammen.

Da s_1 stets die größere der beiden Standardabweichungen sein soll, folgt daraus, daß der Quotient F immer größer als 1 ist.

Sind s_1 und s_2 die Standardabweichungen von zwei Stichproben aus normalverteilten Grundgesamtheiten, dann folgt die Größe F der sog. F-Verteilung mit den Parametern $f_1 = n_1 - 1$ und $f_2 = n_2 - 2$. Diese Freiheitsgrade f_1 und f_2 bestimmen die Form der Verteilung. Die F-Verteilung ist unsymmetrisch und reicht von $F = 0$ bis $F = \infty$ (Abb. 28).

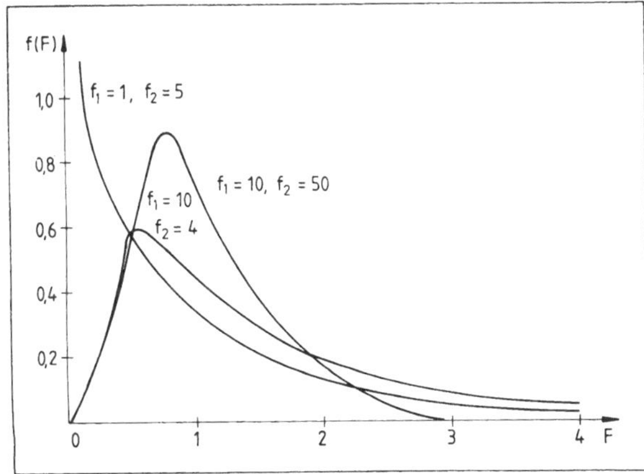

Abb. 28

F-Verteilung für verschiedene Freiheitsgrade f_1 und f_2

Um zu entscheiden, ob die beiden Standardabweichungen s_1 und s_2 derselben oder zwei verschiedenen Verteilungen angehören, gibt es zwei Möglichkeiten:

1. Man berechnet für die gegebenen Werte von f_1 und f_2 die Fläche unter der F-Verteilung zwischen 0 und dem berechneten F-Wert. Man erhält so direkt die Wahrscheinlichkeit (also die statistische Sicherheit) dafür, daß sich die beiden Standardabweichungen s_1 und s_2 statistisch unterscheiden, also zwei verschiedenen Verteilungen zugrunde liegen. Dazu benutzt man häufig folgendes Beurteilungsschema:

$F_S < F_{95\,\%}$	Ein Unterschied zwischen s_1^2 und s_2^2 ist zufallsbedingt. Eine Unterscheidung zwischen σ_1^2 und σ_2^2 ist statistisch nicht nachweisbar.
$F_{95\,\%} \leqslant F_S < F_{99\,\%}$	Ein Unterschied zwischen σ_1^2 und σ_2^2 ist wahrscheinlich.
$F_{99\,\%} \leqslant F_S < F_{99,9\,\%}$	Der Unterschied zwischen s_1^2 und s_2^2 ist nicht zufallsbedingt. Ein Unterschied der beiden Varianzen σ_1^2 und σ_2^2 ist statistisch gesichert bzw. signifikant.
$F_{99,9\,\%} \leqslant F_S$	Die Werte s_1^2 und s_2^2 der beiden Stichproben sind nicht zufällig verschieden. Ein Unterschied zwischen σ_1^2 und σ_2^2 kann statistisch stark gesichert bzw. hochsignifikant nachgewiesen werden.

Programm *Integration der F-Verteilung*

Neben der Lösung des F-Integrals über eine Reihenentwicklung gibt es eine relativ einfache Näherung:

$$S = 0{,}50 + \frac{1}{2}\int_{-z}^{+z} \text{Normalverteilung} \qquad \text{mit } z = \frac{F^{1/3}\left(1 - \frac{2}{9\,f_2}\right) - \left(1 - \frac{2}{9\,f_1}\right)}{\sqrt{\frac{2}{9\,f_1} + F^{2/3}\frac{2}{9\,f_2}}}.$$

Das Integral der Normalverteilung kann dabei mit Hilfe des Programms *Integration der Normalverteilung* gelöst werden. Der Rechenaufwand ist erheblich geringer als bei der Integration der F-Verteilung über eine Reihenentwicklung. Ein Nachteil ist aber die geringere Genauigkeit, insbesondere bei kleinen Freiheitsgraden oder wenn der Flächeninhalt ungefähr 1 ist.

Das Programm berechnet den zugehörigen z-Wert, der dann mit dem Programm *Integration der Normalverteilung* weiter verarbeitet wird.

Speicherbelegung:

M 00 := F   M 01 := f_1 M 02 := f_2 M 04 Zwischenwerte

Programmschritte:

Programm-speicherplatz	Befehl	Erläuterung
000 bis 088	LBL A	
	R/S Adv Prt STO 00	Eingabe: F
	R/S Prt STO 01	Eingabe: f_1
	R/S Prt STO 02	Eingabe: f_2
	X 9 = 1/x X 2 =	
	+/− + 1 = X RCL 00	
	y^x 3 1/x = STO 04	erster Term des Zählers
	RCL 01 X 9 = 1/x	
	X 2 = +/− + 1 =	
	+/− + RCL 04 = STO 04	Zähler
	RCL 00 y^x 2 : 3 =	
	X 2 : 9 : RCL 02 =	
	+ 2 : 9 : RCL 01	
	= $\sqrt{x}$ 1/x X RCL 04	
	= Adv Prt Adv	Ausgabe: z
	GTO A	

Programmbedienung:

(1) Programm in den Rechner eingeben.

(2) Programm mit [A] starten; F, f_1 und f_2 jeweils mit [R/S] eingeben.
Ausgegeben wird z.

Anschließend wird z mit dem Programm *Integration der Normalverteilung* weiterverarbeitet. Der damit berechnete Wert $\Phi(z)$ wird mit $\frac{1}{2}$ multipliziert und zu 0,5 addiert.

Beispiel: Im Süden und im Norden der Bundesrepublik wurden vergleichende Messungen der Körperlänge vorgenommen. Ergebnis:

1. Stichprobe $\bar{x}_1 = 169{,}2$ cm $\quad s_1 = 14{,}7$ cm $\quad n_1 = 50$
2. Stichprobe $\bar{x}_2 = 173{,}6$ cm $\quad s_2 = 13{,}3$ cm $\quad n_2 = 100$

Stammen die Messungen aus derselben Grundgesamtheit oder aus verschiedenen Grundgesamtheiten mit $\sigma_1 \neq \sigma_2$? ($\alpha = 5\,\%$)

1. Schritt. Berechnung von F:

$$F = \frac{14{,}7^2}{13{,}3^2} = 1{,}22 \qquad f_1 = 49 \qquad f_2 = 99$$

2. Schritt. Das Programm *Integration der F-Verteilung* ergibt:

```
A        1.22  F
          49.  f1
          99.  f2

 .9402312105   z
```

3. Schritt. Das Programm *Integration der Normalverteilung* ergibt:

$$\Phi(z) = 0{,}599$$

4. Schritt. Die Formel zur Berechnung der Wahrscheinlichkeit ergibt:

$$S = 0{,}5 + \tfrac{1}{2}\, 0{,}599 \approx 0{,}80$$

Der berechnete Wert liegt also im Annahmebereich, wenn S = 95 % ist. ■

2. Man vergleicht den berechneten F-Wert mit den Schranken der F-Verteilung für vorgegebene statistische Sicherheiten.

Wird ein kritischer Wert von F erreicht oder überschritten, so darf man auf dem betreffenden Signifikanzniveau folgern, daß die beiden zu den Standardabweichungen gehörigen Verteilungen nicht der gleichen Grundgesamtheit angehören.

Programm *Schranken der F-Verteilung*

Die Gleichungen zur approximativen Berechnung der Fläche unter der F-Verteilung kann man auch nach F auflösen und somit auch für eine gegebene Sicherheit S sowie beliebige Freiheitsgrade f_1 und f_2 den zugehörigen F-Wert ermitteln:

$$F = \left(-\frac{B}{2A} + \sqrt{\frac{B^2}{4A^2} - \frac{C}{A}}\right)^3$$

mit

$$A = \frac{2z^2}{9f_2} - \left(1 - \frac{2}{9f_2}\right)^2$$

$$B = 2\left(1 - \frac{2}{9f_2}\right)\left(1 - \frac{2}{9f_1}\right)$$

$$C = \frac{2z^2}{9f_1} - \left(1 - \frac{2}{9f_1}\right)^2$$

Dabei ist

$$z = s^* - \frac{a_0 + s^*(a_1 + a_2 s^*)}{1 + s^*(b_1 + s^*(b_2 + b_3 s^*))}$$

und

$$s^* = \sqrt{\ln \frac{1}{(1-S)^2}}\,.$$

Die Konstanten a_0 bis a_2 und b_1 bis b_3 haben die folgenden Werte

$a_0 = 2{,}515517$	$b_1 = 1{,}432788$
$a_1 = 0{,}802853$	$b_2 = 0{,}189269$
$a_2 = 0{,}010328$	$b_3 = 0{,}001308$

Speicherbelegung:

M 00 := a_0	M 01 := a_1	M 02 := a_2	M 03 := b_1
M 04 := b_2	M 05 := b_3	M 06 := S	M 07 := f_1
M 08 := f_2	M 09 bis M 17 Zwischenspeicher		

Programmschritte:

Programm-speicherplatz	Befehl	Erläuterung
000	LBL A	
bis	2.515517 STO 00	a_0
057	.802853 STO 01	a_1
	.010328 STO 02	a_2
	1.432788 STO 03	b_1
	.189269 STO 04	b_2
	.001308 STO 05	b_3
058	LBL A'	
bis	R/S Adv Prt STO 06	Eingabe: S
256	R/S Prt STO 07	Eingabe: f_1
	R/S Prt STO 08	Eingabe: f_2
	RCL 06 +/− + 1 =	$1 - S$
	x^2 1/x lnx $\sqrt{x}$ STO 09	s^*
	X RCL 02	$a_2 s^*$
	+ RCL 01 =	$a_1 + a_2 s^*$
	X RCL 09	$s^* (a_1 + a_2 s^*)$
	+ RCL 00 = STO 10	$a_0 + s^* (a_1 + a_2 s^*)$
	RCL 09 X RCL 05	$b_3 s^*$
	+ RCL 04 =	$b_2 + b_3 s^*$
	X RCL 09	$s^* (b_2 + b_3 s^*)$
	+ RCL 03 =	$b_1 + s^* (b_2 + b_3 s^*)$
	X RCL 09 + 1 =	$s^* (b_1 + s^* (b_2 + b_3 s^*)) + 1$
	1/x X RCL 10 +/−	
	+ RCL 09 = STO 11	z
	x^2 X 2 : 9 : RCL 08	
	= − (1 − 2 : 9 :	
	RCL 08) x^2 = STO 12	Zwischenwert A
	2 X (1 − 2 : 9 :	
	RCL 08) X (1 − 2 : 9	
	: RCL 07) = STO 13	Zwischenwert B
	RCL 11 x^2 X 2 : 9	
	: RCL 07 = −	
	(1 − 2 : 9 : RCL	
	07) x^2 = STO 14	Zwischenwert C
	RCL 13 : RCL 12 =	
	STO 15	
	RCL 14 : RCL 12 =	
	STO 16	
	RCL 15 : 2 +/− +	
	(RCL 15 x^2 : 4 −	
	RCL 16) $\sqrt{x}$ = STO 17	
	x^2 X RCL 17 =	
	Adv Prt Adv GTO A'	Ausgabe: Schranken von F

Anmerkung: Das Programm sollte nur für $f_1 > 2$ und $f_2 > 2$ benutzt werden.

Programmbedienung:

(1) Programm in den Rechner eingeben.

(2) Programm mit [A] starten; S, f_1 und f_2 jeweils mit [R/S] eingeben.
Ausgegeben wird die Schranke der F-Verteilung.

Beispiele:

A			
0.95	S	0.99	
5.	f_1	10.	
5.	f_2	10.	
5.116458987	Schranke	4.908708	
0.95		0.99	
120.		3.	
120.		10.	
1.3519707		6.59663386	■

9.3 Vergleich von Mittelwerten (t-Test)

Mit dem t-Test soll geprüft werden, ob sich die empirischen Mittelwerte $\overline{x}_1$ und $\overline{x}_2$ systematisch unterscheiden ($\mu_1 \neq \mu_2$), oder die vorhandene Differenz zwischen $\overline{x}_1$ und $\overline{x}_2$ zufallsbedingt ist ($\mu_1 = \mu_2$).

Voraussetzung für die Anwendung ist, daß die Merkmalswerte beider Stichproben bzw. statistischer Erhebungen ausreißerfrei und normalverteilt sind. Geringe Abweichungen der Werte von einer Normalverteilung wirken sich aber nur schwach störend auf ein Testergebnis aus. Außerdem müssen die Varianzen in gewissen Grenzen homogen sein. Diese letzte Voraussetzung wird mit Hilfe des F-Tests geprüft. Wenn der berechnete F-Wert außerhalb vom kritischen F-Wert liegt, dann ist es nicht statthaft, den t-Test durchzuführen. Aber es ist auch nicht notwendig, denn der fragliche Unterschied ist bereits durch den F-Test nachgewiesen.

Sind $\overline{x}_1$ und $\overline{x}_2$ die Mittelwerte von zwei Stichproben aus normalverteilten Grundgesamtheiten, dann folgt die Größe t der sog. t-Verteilung mit dem Parameter $f = n_1 + n_2 - 2$. Dieser Freiheitsgrad f bestimmt die Form der Verteilung. Für große Werte von f nähert sich die t-Verteilung der Normalverteilung an. Die Funktion der t-Verteilung lautet:

$$h(t) = \frac{1}{\sqrt{\pi \cdot f}} \; \frac{\left(\frac{f-1}{2}\right)!}{\left(\frac{f-2}{2}\right)!} \left(1 + \frac{t^2}{f}\right)^{-\frac{f+1}{2}} .$$

Die Bestimmung der t-Werte erfolgt im Programm *Berechnung der t-Werte.*

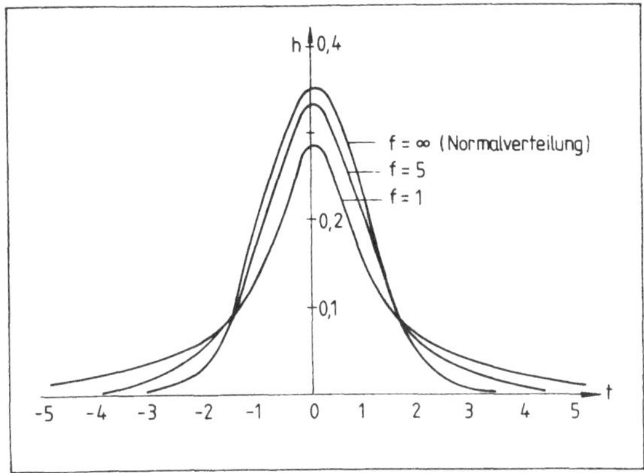

Abb. 29
t-Verteilung für verschiedene Freiheitsgrade f

Zwischen einseitigem und zweiseitigem t-Test gilt die Beziehung:

$$S_{einseitig} = 0{,}50 + \frac{S_{zweiseitig}}{2} . \qquad S \text{ statistische Sicherheit}$$

9.3.1 Vergleich der Mittelwerte bei unabhängigen Stichproben (t-Test)

Zur Durchführung des Tests berechnet man zunächst die Prüfgröße

$$t = \frac{\bar{x}_1 - \bar{x}_2}{\sqrt{\frac{s_1^2}{n_1} + \frac{s_2^2}{n_2}}} \quad \text{mit } n_1 + n_2 - 2 \text{ Freiheitsgraden .}$$

Um zu entscheiden, ob die beiden Mittelwerte $\bar{x}_1$ und $\bar{x}_2$ derselben oder zwei verschiedenen Verteilungen angehören, gibt es zwei Möglichkeiten:

1. Man vergleicht den berechneten t-Wert mit den Schranken der t-Verteilung für vorgegebene statistische Sicherheiten. Wird ein kritischer Wert von t erreicht oder überschritten, dann darf man auf dem betreffenden Signifikanzniveau folgern, daß die beiden zu den Mittelwerten gehörenden Verteilungen nicht der gleichen Grundgesamtheit angehören.

Die kritischen t-Werte werden mit Hilfe des Programms *Berechnung der t-Werte* berechnet.

Beispiel (s.S. 89): Die vergleichende Messung der Körperlängen hatte ergeben:

1. Stichprobe $\bar{x}_1 = 169{,}2$ cm $s_1 = 14{,}7$ cm $n_1 = 50$
2. Stichprobe $\bar{x}_2 = 173{,}6$ cm $s_2 = 13{,}3$ cm $n_2 = 100$

Stammen die beiden Stichproben aus derselben Grundgesamtheit oder aus Grundgesamtheiten mit $\mu_1 = \mu_2$? ($\alpha = 5\,\%$)

1. Schritt. Berechnung von t:

$$t = \frac{173{,}6 - 169{,}2}{\sqrt{\frac{14{,}7^2}{50} + \frac{13{,}3^2}{100}}} = 1{,}78$$

2. Schritt. Wir bestimmen den kritischen t-Wert mit dem Programm *Berechnung der t-Werte* für S = 95 %:

```
A          148.
   1.976528892   t
```

Da $t < t_{95\,\%}$, kann die Hypothese, daß die unterschiedlichen Mittelwerte in den beiden Stichproben nur zufällig sind, nicht abgelehnt werden. Der Mittelwertunterschied ist nicht signifikant. ■

2. Man berechnet für den gegebenen Wert von f die Fläche unter der t-Verteilung zwischen 0 und dem berechneten t-Wert. Man erhält so direkt die Wahrscheinlichkeit dafür, daß sich die beiden Mittelwerte $\overline{x}_1$ und $\overline{x}_2$ statistisch unterscheiden, also zwei verschiedenen Verteilungen zugrunde liegen. Man benutzt häufig folgendes Beurteilungsschema:

$t < t_{95\,\%}$	Ein Unterschied zwischen μ_1 und μ_2 kann statistisch aus den vorliegenden Daten nicht nachgewiesen werden.
$t_{95\,\%} \leqslant t < t_{99\,\%}$	Ein Unterschied zwischen μ_1 und μ_2 ist wahrscheinlich. Eine vorhandene Differenz zwischen $\overline{x}_1$ und $\overline{x}_2$ ist wahrscheinlich auf einen systematischen Einfluß zurückzuführen.
$t_{99\,\%} \leqslant t < t_{99,9\,\%}$	Ein Unterschied zwischen μ_1 und μ_2 ist statistisch gesichert bzw. signifikant.
$t_{99,9\,\%} \leqslant t$	Ein Unterschied zwischen μ_1 und μ_2 kann statistisch stark gesichert bzw. hochsignifikant nachgewiesen werden.

Programm *Integration der t-Verteilung*

Das Programm berechnet bei vorgegebenem t-Wert und vorgegebener Anzahl von Freiheitsgraden die Fläche unter der Kurve und somit die Wahrscheinlichkeit.

Die Berechnung des Integrals erfolgt nach den Formeln:

Freiheitsgrad f = 1

$$S = 1 - \frac{2\vartheta}{\pi} \quad \text{mit} \quad \vartheta = \arctan \frac{t}{\sqrt{f}} \, .$$

Anzahl der Freiheitsgrade ist eine gerade Zahl

$$S = \sin\vartheta \left(1 + \frac{1}{2}\cos^2\vartheta + \frac{1\cdot 3}{2\cdot 4}\cos^4\vartheta + \ldots + \frac{1\cdot 3\cdot 5\cdot\ldots\cdot(f-3)}{2\cdot 4\cdot 6\cdot\ldots\cdot(f-2)}\cos^{f-2}\vartheta\right).$$

Anzahl der Freiheitsgrade ist eine ungerade Zahl

$$S = \frac{2}{\pi}\left(\vartheta + \sin\vartheta\cos\vartheta\left[1 + \frac{2}{3}\cos^2\vartheta + \ldots + \frac{2\cdot 4\cdot 6\cdot\ldots\cdot(f-3)}{3\cdot 5\cdot 7\cdot\ldots\cdot(f-2)}\cos^{f-3}\vartheta\right]\right).$$

Speicherbelegung:

M 00 := t	M 01 := f	M 02 := ϑ	M 03 Zwischenspeicher
M 04 Zähler	M 05 Nenner	M 06 Zwischenspeicher	M 07 := $\cos^2\vartheta$

Programmschritte:

Programm-speicherplatz	Befehl	Erläuterung
000 bis 067	LBL A CMs CLR INV St flg 1 Rad R/S Prt STO 00 R/S Prt STO 01 $\sqrt{x}$: RCL 00 = 1/x INV tan STO 02 cos x^2 STO 07 CP 1 STO 03 STO 04 STO 06 2 STO 05 RCL 01 : 2 = INV Int x = t B RCL 01 − 1 = x = t A' St flg 1 1 SUM 04 2 SUM 05 GTO B	Startroutine Löschen der Register Löschen von Flag 1 Winkelmodus „Bogenmaß" Eingabe: t; M 00 : = t Eingabe: f; M 01 : = f M 02 : = arc tan $t/\sqrt{f} = \vartheta$ M 07 : = $\cos^2 \vartheta$ Vorbereiten der Speicher Abfrage: f gerade? Wenn ja, LBL B Abfrage: f = 1? Wenn ja, LBL A' Flag 1 setzen
068 bis 099	LBL B RCL 01 x ⇄ t RCL 05 x = t B' RCL 03 × RCL 04 : RCL 05 × RCL 07 = STO 03 SUM 06 2 SUM 04 SUM 05 GTO B	Berechnung der Reihe Abfrage: M 05 = f? Wenn ja, LBL B' } Berechnung der Reihenglieder Rücksprung zu LBL B
100 bis 113	LBL B' RCL 06 × RCL 02 sin = IF flg 1 +/− GTO Prt	 Wenn f ungeradzahlig, zu LBL +/− sonst LBL Prt
114 bis 130	LBL +/− × RCL 02 cos + RCL 02 = × 2 : π = GTO Prt	Fortsetzung für ungerade f
131 bis 137	LBL Prt Deg Adv Prt Adv R/S	Ausgaberoutine Winkelmodus „Grad" Ausgabe: S
138 bis 148	LBL A' RCL 02 × 2 : π = GTO Prt	Berechnung bei f = 1

Programmbedienung:

(1) Programm in den Rechner eingeben.

(2) Programm mit [A] starten; t und f mit [R/S] eingeben. Ausgegeben wird die statistische Sicherheit S.

Beispiele:

1) A 2.2 t
30. f

0.96435156 S

A 1.95 t
100. f

.9460236973 S

2) In einem Werk werden auf zwei Bandstraßen Stahlplatten produziert. Zwei Stichproben jeweils vom Umfang 10 ergaben:

Bandstraße A	Bandstraße B
$\bar{x}_1 = 10{,}18$ mm	$\bar{x}_2 = 10{,}59$ mm
$s_1 = 0{,}45$ mm	$s_2 = 0{,}27$ mm

Kann man bei diesem Stichprobenausfall davon ausgehen, daß die Bandstraßen gleich dicke Stahlplatten produzieren?

1. Schritt. Anwendung des F-Tests. Es ist

$$F = \frac{0{,}45^2}{0{,}27^2} = 2{,}78 \quad \text{mit } f_1 = 9 \text{ und } f_2 = 9$$

Die Annahme, daß die beiden Stichproben die gleiche Standardabweichung haben, kann bei einer statistischen Sicherheit von 95 % nicht abgelehnt werden. Daher darf der t-Test angewendet werden.

2. Schritt. Anwendung des t-Tests. Es ist

$$t = \frac{10{,}59 - 10{,}18}{\sqrt{\frac{0{,}45^2}{10} + \frac{0{,}27^2}{10}}} = 2{,}47 \quad \text{mit } f = 10 + 10 - 2$$

Das Programm liefert mit $t = 2{,}47$ und $f = 18$:

$S = 0{,}9762592733$

Bei einer statistischen Sicherheit von 95 % muß man annehmen, daß die Mittelwerte nicht aus derselben Grundgesamtheit stammen. ■

9.3.2 Vergleich der Mittelwerte bei abhängigen Stichproben (Differenzen-t-Test)

Die Bedingung des t-Tests für unabhängige Stichproben, daß die verglichenen Mittelwerte aus verschiedenen Stichproben stammen müssen, kann gerade dann hinderlich sein, wenn in ein und derselben Stichprobe wiederholte Erhebungen durchgeführt worden sind und man wissen will, ob beobachtete Veränderungen des Mittelwertes signifikant sind.

In diesem Falle wendet man den t-Test für abhängige Stichproben (Differenzen-t-Test) an. Nach diesem Verfahren ist auch vorzugehen, wenn zwei Stichproben verglichen werden sollen, deren Versuchspersonen jeweils paarweise einander zugeordnet werden müssen (z. B. Zwillinge, Ehepaare, Klassenkameraden usw.). Solche Stichproben heißen parallelisierte Stichproben.

Der Differenzen-t-Test sollte nur angewendet werden, wenn die beiden Stichproben den gleichen Umfang haben. Die Differenzen der paarweise einander zugeordneten Werte müssen näherungsweise normalverteilt sein. Es ist aber nicht erforderlich, daß die Werte der beiden Stichproben allein normalverteilt sind.

Anmerkung: Die Standardabweichungen der beiden Stichproben müssen nicht gleich sein. Wenn aber die Differenzen nicht normalverteilt sind, sollte man einen nichtparametrischen Test, z. B. den Wilcoxon-Test, anwenden.

Beim Differenzen-t-Test werden die paarweisen Differenzen $x_{di} = x_{Ai} - x_{Bi}$ gebildet und sowohl diese als auch ihre Quadrate aufsummiert. Der Wert für t errechnet sich dann nach:

$$t = \frac{n\sqrt{n-1}\,|\bar{x}_A - \bar{x}_B|}{\sqrt{n\sum_{i=1}^{n} x_{di}^2 - \left(\sum_{i=1}^{n} x_{di}\right)^2}} \qquad \text{mit } f = n - 1 .$$

Der berechnete t-Wert wird entweder mit den kritischen t-Werten für vorgegebene statistische Sicherheit S verglichen, oder man integriert die t-Verteilung mit dem errechneten t-Wert und $f = n - 1$ Freiheitsgraden und bestimmt das zugehörige S.

Programm *Differenzen-t-Test*

Das Programm berechnet die Prüfgröße t. Die Testentscheidung muß dann entsprechend wie beim t-Test durchgeführt werden.

Speicherbelegung:

M 00 := n	M 01 := Σx_{Ai}	M 02 := Σx_{Bi}	M 03 := Σx_{Ai}^2
M 04 := Σx_{Bi}^2	M 05 := x_{Ai}	M 06 := x_{Bi}	M 07 := Σx_{di}
M 08 := Σx_{di}^2	M 09 := t		

Programmschritte:

Programm-speicherplatz	Befehl	Erläuterung
000 bis 005	LBL CLR CMs Adv CLR INV SBR	Startroutine
006 bis 046	LBL A SBR CLR LBL A' R/S STO 05 Prt SUM 01 x^2 SUM 03 R/S STO 06 Prt SUM 02 x^2 SUM 04 RCL 05 − RCL 06 = SUM 07 x^2 SUM 08 1 SUM 00 Adv GTO A'	Eingaberoutine Eingabeschleife Eingabe: x_{Ai}; $x_{Ai} \rightarrow$ M 05 Σx_{Ai} Σx^2_{Ai} Eingabe: x_{Bi}; $x_{Bi} \rightarrow$ M 06 Σx_{Bi} Σx^2_{Bi} x_{di} Σx_{di} Σx^2_{di} $n := n + 1$ Ende der Eingabeschleife
047 bis 112	LBL B RCL 01 : RCL 00 = Prt RCL 02 : RCL 00 = Prt Adv RCL 01 − RCL 02 = : RCL 00 = |x| X RCL 00 X (RCL 00 − 1) $\sqrt{x}$ = : ((RCL 00 X RCL 08 − RCL 07 x^2) $\sqrt{x}$) = Prt RCL 00 − 1 = Prt Adv GTO A	 $\bar{x}_A$ Ausgabe: $\bar{x}_A$ $\bar{x}_B$ Ausgabe: $\bar{x}_B$ $\bar{x}_A - \bar{x}_B$ n $n\sqrt{n-1} \cdot \|\bar{x}_A - \bar{x}_B\|$ Ausgabe: t Ausgabe: f

Programmbedienung:

(1) Programm in den Rechner eingeben.

(2) Programm mit [A] starten. Zusammengehörige Werte jeweils nacheinander mit [R/S] eingeben.

(3) Berechnung mit [B] starten. Ausgegeben werden: $\bar{x}_A$, $\bar{x}_B$, t und f.

Beispiel: Die Reaktionszeit von 12 Versuchspersonen vor und nach Einnahme eines vermutlich die Reaktionszeit herabsetzenden Medikaments:

Versuchsperson	Reaktionszeit in s vorher	nachher
1	0,20	0,25
2	0,23	0,21
3	0,28	0,32
4	0,16	0,29
5	0,20	0,26
6	0,28	0,28

Versuchsperson	Reaktionszeit in s vorher	nachher
7	0,20	0,21
8	0,16	0,19
9	0,21	0,31
10	0,18	0,24
11	0,14	0,18
12	0,22	0,23

Wir benutzen das Programm:

```
A    0.2   xA1
     0.25  xB1

     0.23  xA2
     0.21  xB2

     0.28  :
     0.32  :

     0.16
     0.29

     0.2
     0.26

     0.28
     0.28

     0.2
     0.21

     0.16
     0.19

     0.21
     0.31

     0.18
     0.24

     0.14
     0.18

     0.22
     0.23

B    0.205        x̄A
     0.2475       x̄B

     3.485547961  t
     11.          f
```

Der Vergleich des t-Wertes mit den kritischen t-Werten zeigt: Das Medikament hat die Reaktionszeit signifikant verlängert. ■

9.3.3 Vergleich von Mittelwert und Sollwert

Um zu prüfen, ob der Mittelwert $\bar{x}$ einer Stichprobe mit einem vorgegebenen Sollwert M übereinstimmt, bildet man die Prüfgröße

$$t = \frac{|\bar{x} - M|}{s}\sqrt{n} \quad \text{mit } f = n - 1 .$$

Beispiel: Eine Stichprobe vom Umfang 10 ergab für die Dicke von produzierten Stahlplatten

$\bar{x} = 10{,}18$ mm $s = 0{,}46$ mm .

Der gewünschte Sollwert ist $M = 10{,}00$ mm. Ist die Abweichung signifikant?

Es ergibt sich:

$$t = \frac{|10{,}18 - 10{,}00|}{0{,}46} \sqrt{10} \approx 1{,}237 \quad \text{und} \quad f = 10 - 1 = 9 \,.$$

Zu $t = 1{,}237$ und $f = 9$ gehört nach dem Programm *Integration der t-Verteilung* der Wert $S \approx 70\,\%$, d.h. die Abweichung des Mittelwertes vom Sollwert ist nicht signifikant. ■

9.4 Ausreißertest nach Nalimoff

Bei diesem Test werden Mittelwert und Standardabweichung aus allen Werten also einschließlich eventueller Ausreißer ermittelt. Aus den so berechneten Kenndaten $\bar{x}$ und s sowie dem ausreißerverdächtigen Wert x_A wird die Prüfgröße r_A gebildet:

$$r_A = \frac{|x_A - \bar{x}|}{s} \sqrt{\frac{n}{n-1}} \,.$$

Hierbei ist n die Anzahl aller Werte einschließlich x_A. Im nächsten Schritt vergleicht man die Prüfgröße r_A mit der r-Verteilung.

Man legt fest:

$r_A < r_{95\,\%}$	x_A ist unter den gegebenen n Daten nicht als Ausreißer nachweisbar.
$r_{95\,\%} \leq r_A < r_{99\,\%}$	x_A ist wahrscheinlich (aber nicht statistisch gesichert) ein Ausreißer.
$r_{99\,\%} \leq r_A < r_{99{,}9\,\%}$	x_A ist statistisch gesichert oder signifikant ein Ausreißer.
$r_{99{,}9\,\%} \leq r_A$	x_A ist statistisch stark gesichert oder hochsignifikant ein Ausreißer.

Ist x_A als Ausreißer nachgewiesen, dann wird dieser Wert aus dem Datenvorrat entfernt. Aus den $n - 1$ Restdaten berechnet man erneut $\bar{x}$ und s und bildet aus einem eventuell vorhandenen weiteren ausreißerverdächtigen Wert erneut die Prüfgröße r_A. Ist auch dieser Wert ein Ausreißer, dann muß auch er aus dem vorhandenen Datenvorrat eliminiert werden. Man verfährt entsprechend so lange, bis das Datenmaterial frei von Ausreißern ist.

Man kann die kritischen r-Werte über die Beziehung

$$r = e^{(a_3 x^3 + a_2 x^2 + a_1 x + a_0)} \quad \text{mit} \quad x = 1/f \quad \text{und} \quad f = n - 2$$

ermitteln. Diese Approximationsformel liefert r-Werte, deren Abweichung von tabellierten Werten kleiner als 0,5 % ist.

Tabelle: r-Werte als Funktion des Freiheitsgrades f

S	a_0	a_1	a_2	a_3
95 %	0,673215307	− 0,223957163	− 0,408103241	0,301780539
99 %	0,947180450	− 0,966460915	0,213300208	0,152611296
99,9 %	1,193343228	− 2,079990987	1,900125341	− 0,666830426

Anmerkung: Die Schranken der r-Verteilung hängen über die folgende Beziehung mit den t-Werten der t-Verteilung zusammen:

$$r = \sqrt{\frac{1+f}{1+\frac{f}{t^2}}}.$$

Die r-Verteilung besitzt Glockenform. Die Breite ist von der Zahl f der Freiheitsgrade abhängig, wobei gilt: $f = n - 2$.

Um Ausreißer schnell zu erkennen, ist es sinnvoll, die Daten zunächst nach der Größe zu ordnen.

Programm *Berechnung der r-Werte*

Vor Programmbeginn müssen die Konstanten a_0, a_1, a_2, a_3 in die Speicher M 00 bis M 03 eingelesen werden. Das Programm berechnet die kritischen r-Werte.

Speicherbelegung:

M 00 := a_0 M 01 := a_1 M 02 := a_2 M 03 := a_3 M 04 := x

Programmschritte:

Programm-speicherplatz	Befehl	Erläuterung
000	LBL A	
bis	R/S Prt	Eingabe: f (= n − 2)
034	1/x STO 04	$x = 1/f$; $x \rightarrow$ M 04
	X RCL 03	$a_3 x$
	+ RCL 02 =	$a_2 + a_3 x$
	X RCL 04	$x(a_2 + a_3 x)$
	+ RCL 01 =	$a_1 + x(a_2 + a_3 x)$
	X RCL 04	$x(a_1 + x(a_2 + a_3 x))$
	+ RCL 00 =	$a_0 + x(a_1 + x(a_2 + a_3 x))$
	INV ln x	r
	Adv Prt	Ausgabe: r
	Adv GTO A	

Programmbedienung:

(1) Programm in den Rechner eingeben.

(2) Konstanten für die gewünschte statistische Sicherheit S in die Speicher M 00 bis M 03 eingeben.

(3) Programm mit [A] starten; Freiheitsgrad f eingeben. Ausgegeben wird der kritische r-Wert.

Beispiel: Die Bestimmung der Masse eines Körpers ergab die Meßwerte, die in der folgenden Tabelle schon geordnet sind:

531 g	535 g	539 g
432 g	536 g	539 g
532 g	537 g	540 g
535 g	538 g	541 g
535 g	539 g	575 g

Die Berechnung von $\bar{x}$ und s aus allen Daten liefert:

$\bar{x} = 538{,}9 \qquad s = 10{,}4$

Aus diesen Kenndaten sowie $n = 15$ und $x_A = 575$ (größter Wert) berechnet man die Prüfgröße r_A:

$$r_A = \frac{|575 - 538{,}9|}{10{,}4} \sqrt{\frac{15}{15-1}} = 3{,}593 \,.$$

Mit dem Programm *Berechnung der r-Werte* erhält man für $f = 15 - 2 = 13$ mit den Konstanten für $S = 95\,\%$:

$$r_{95\,\%} = 1{,}923 \,.$$

Da $r_A = 3{,}593$ größer als $r_{95\,\%} = 1{,}923$ ist, kann man den Wert 0,575 in der Meßreihe statistisch gesichert bzw. signifikant als Ausreißer betrachten.

Eliminiert man diesen Wert und berechnet aus den Restdaten erneut $\bar{x}$ und s, erhält man:

$\bar{x}$ (ohne 575) = 536,3
s (ohne 575) = 3,1

Für r_A ergibt sich jetzt mit $n = 14$ und dem größten Wert 541

$$r_A = \frac{|541 - 536{,}3|}{3{,}1} \sqrt{\frac{14}{14-1}} = 1{,}573 \,.$$

Entsprechend ergibt sich für die Schranke mit $f = 14 - 2 = 12$:

$$r_{95\,\%} = 1{,}919 \,.$$

Da r_A kleiner als $r_{95\,\%}$ ist, folgt, daß $x_A = 541$ nicht als Ausreißer nachweisbar ist.

Führt man den Test mit dem kleinsten Wert der Reihe 531 durch, ergibt sich für r_A:

$$r_A = \frac{|531 - 536{,}3|}{3{,}1} \sqrt{\frac{14}{14-1}} = 1{,}774 \,.$$

Da r_A kleiner als $r_{95\,\%}$ ist, kann auch der Wert 531 nicht als Ausreißer nachgewiesen werden. ■

Der Nalimoff-Test urteilt schärfer als der Ausreißertest nach Graf und Henning, d.h. ein Wert, der mit dem Test nach Graf und Henning noch nicht als Ausreißer identifiziert wird, kann mit dem Test nach Nalimoff eventuell als Ausreißer nachgewiesen werden.

Ob ein Wert als Ausreißer erkannt wird, hängt weitgehend von der Gesamtzahl der Werte ab. Je größer die Zahl der Werte ist, umso eher ist die Erkennung eines Ausreißers möglich. Die Aussage „nicht als Ausreißer nachweisbar" besagt nur, daß aus den gegebenen Daten der entsprechende Wert nicht als Ausreißer statistisch erfaßbar ist. Eine Aussage darüber, ob der untersuchte Wert tatsächlich ein Ausreißer ist oder nicht, kann aus dem Testergebnis nicht gemacht werden.

10 Testverfahren für rangskalierte Daten

Die folgenden Testverfahren gelten für rangskalierte Daten. Wenn nicht sicher ist, daß die vorliegenden Daten intervallskaliert sind, ordnet man ihnen Rangplätze zu und wendet ein Verfahren für ordinalskalierte Daten an. Diese Tests verschenken etwas an Trennschärfe gegenüber den speziell für intervallskalierte Daten entwickelten Tests, werden aber wegen ihrer problemlosen Handhabung zunehmend beliebter.

10.1 Vergleich einer empirischen mit einer theoretischen Verteilung (Kolmogoroff-Test)

Der Kolmogoroff-Test geht von der kumulierten Häufigkeit der empirischen und der theoretischen Verteilung aus. Es werden die Differenzen zwischen den beobachteten und den erwarteten kumulierten Häufigkeiten bestimmt. Als Prüfgröße D dient die dem Betrag nach größte Differenz dividiert durch den Umfang n der Stichprobe:

$$D = \frac{|f_{cb} - f_{ce}|_{max}}{n}$$

f_{cb} beobachtete kumulierte Häufigkeit

f_{ce} erwartete (theoretische) kumulierte Häufigkeit

Für eine Stichprobe gilt: Die Hypothese „Empirische und theoretische Verteilung stimmen mit der statistischen Sicherheit S überein" wird abgelehnt, wenn D den kritischen Wert überschreitet.

Statistische Sicherheit	Kritischer D-Wert
90 %	$\frac{1,22}{\sqrt{n}}$
95 %	$\frac{1,36}{\sqrt{n}}$
99 %	$\frac{1,63}{\sqrt{n}}$
99,9 %	$\frac{1,95}{\sqrt{n}}$

Beispiel: Für Zeitintervalle von 30 Sekunden wurde die Anzahl der vorbeifahrenden Personenkraftwagen gezählt und mit der Poisson-Verteilung verglichen:

x	Anzahl der Zeitintervalle mit x Personenkraftwagen		Kumulierte Häufigkeiten		
	f_b beobachtet	f_e theoretisch	f_{cb}	f_{ce}	$\|f_{cb} - f_{ce}\|$
0	5	6	5	6	1
1	19	17	24	23	1
2	22	24	46	47	1
3	25	22	71	69	2
4	17	15	88	84	4
5	9	9	97	93	4
6	2	4	99	97	2
7	1	2	100	99	1
8	0	1	100	100	0
9	0	0	100	100	0

Die maximale Differenz $|f_{cb} - f_{ce}|$ ist 4. Somit erhalten wir für die Prüfgröße D

$$D = \frac{4}{100} = 0{,}04 .$$

Der kritische Wert auf dem 5 %-Signifikanzniveau ist

$$D_{95\,\%} = \frac{1{,}36}{\sqrt{n}} = 0{,}136 .$$

Da $D < D_{95\,\%}$ ist, kann die Verkehrsdichte gut durch die Poisson-Verteilung beschrieben werden. ■

Anmerkung: Entsprechend kann der Vergleich mit einer Gleichverteilung, Normalverteilung oder einer anderen Verteilung erfolgen.

10.2 Vergleich von abhängigen Stichproben

10.2.1 Vorzeichentest

Das einfachste Testverfahren zum Vergleich zweier abhängiger Stichproben ist der Vorzeichentest. Die Merkmalsausprägungen, die zu demselben Merkmalsträger gehören, werden nebeneinandergestellt. Hinter dem Paar wird ein + notiert, wenn die erste Merkmalsausprägung größer ist als die zweite Merkmalsausprägung des Paares. Ist dagegen die zweite Merkmalsausprägung größer als die erste, so wird ein − notiert. Sind beide Werte gleich groß, wird eine 0 hingeschrieben. Diese Paare werden im allgemeinen nicht berücksichtigt.

Beim Vorzeichentest geht man davon aus, daß die Wahrscheinlichkeit für + und − jeweils $\frac{1}{2}$ ist (Binomialverteilung mit $p = 0{,}5$).

Programm *Vorzeichentest für* $n < 35$

Das Programm berechnet die Wahrscheinlichkeit für das Auftreten von m Pluszeichen (oder Minuszeichen) bei insgesamt n Vorzeichen, so daß der berechnete Wert unmittelbar mit dem Signifikanzniveau verglichen werden kann.

Speicherbelegung:

M 00 := n M 01 := m M 02 Zwischenspeicher für Binomialkoeffizientenberechnung
M 03 und M 04 Zwischenspeicher für Fakultätenberechnung

Programmschritte:

Programm-speicherplatz	Befehl	Erläuterung
000 bis 026	LBL B x = t A' STO 03 1 STO 04 GTO B' LBL A' 1 INV SBR LBL B' RCL 03 Prd 04 Dsz 3 B' RCL 04 INV SBR	Subroutine für Fakultät 1 → M 04
027 bis 083	LBL A R/S Prt STO 00 R/S Prt STO 01 SBR B STO 02 RCL 00 − RCL 01 = SBR B Prd 02 RCL 00 SBR B INV Prd 02 .5 y^x RCL 01 X .5 y^x (RCL 00 − RCL 01) X RCL 02 1/x = Adv Prt Adv GTO A	Startroutine Eingabe: n; M 00 := n Eingabe: m; M 01 := m Berechnung von m! M 02 := m! Berechnung von (n − m)! M 02 := m'! (n − m)! Abruf von n Berechnung von n! M 02 := m! (n − m)!/n! Ausgabe: p

Programmbedienung:

(1) Programm in den Rechner eingeben.

(2) Programm mit [A] starten; n und m jeweils mit [R/S] eingeben. Ausgegeben wird die Wahrscheinlichkeit p.

Beispiel: 15 Felder werden je zur Hälfte mit Methode A und zur anderen Hälfte mit Methode B bearbeitet. Bei 3 Feldern ergab Methode A bessere Ergebnisse, bei 12 Feldern Methode B. Kann man die Hypothese „Beide Methoden sind gleich gut" auf dem 5 %-Signifikanzniveau beibehalten? Es ergibt sich:

```
A          15.  n
            3.  m

   0.013885498  p
```

■

Da $p < 2{,}5\,\%$ ist, kann die Hypothese nur abgelehnt werden.

Für $n > 35$ kann der Ablehnungsbereich der Hypothese $P = 1/2$ in guter Näherung mit Hilfe der Normalverteilung bestimmt werden. Dabei ist wegen

$$\mu = \frac{n}{2} \quad \text{und} \quad \sigma = \frac{\sqrt{n}}{2}$$

der zugehörige z-Wert:

$$z = \frac{m - \frac{n}{2}}{\frac{\sqrt{n}}{2}} = \frac{2m - n}{\sqrt{n}}.$$

Anmerkung: Da die Transformation auf z-Werte Stetigkeit voraussetzt, muß noch ein Korrekturglied eingeführt werden (Yates-Korrektur):

$$z = \frac{(x \pm 0{,}5) - \frac{n}{2}}{\frac{\sqrt{n}}{2}} \quad \text{mit} \quad \begin{cases} x + 0{,}5 & \text{für } x < \frac{n}{2} \\ x - 0{,}5 & \text{für } x > \frac{n}{2} \end{cases}$$

Da der Vorzeichentest nur ein Minimum an Information ausnutzt, gilt: Die Nullhypothese wird u. U. noch beibehalten, wenn sie bei der Verwendung feinerer Verfahren verworfen werden müßte. Aber man kann sicher sein, daß eine nach dem Vorzeichentest verworfene Nullhypothese mit feineren Verfahren erst recht nicht zu halten wäre.

10.2.2 Wilcoxon-Test

Beim Vorzeichentest wird bei der Auswertung der Daten nur berücksichtigt, ob die Differenz positiv oder negativ ist, und nicht, wie groß der Betrag der Differenz ist.

Auch der Wilcoxon-Test prüft Unterschiede in zwei Parallelstichproben oder bei Testwiederholungen. Hier werden jeweils die Paardifferenzen ermittelt und nach ihrem absoluten Betrage mit Rangplätzen versehen. Nachträglich erhalten dann die Rangplätze wieder das Vorzeichen der Differenz. Es werden nun einfach alle „negativen" Ränge und alle „positiven" Ränge zu je einer Summe aufaddiert. Die kleinere Rangsumme dient als Prüfgröße T. Bei der Auswertung vergleicht man T mit allen möglichen Rangsummen und erhält so für jedes Signifikanzniveau α kritische T-Werte.

Tabelle: Kritische T-Werte

Stichproben-umfang	Kritische T_{α}-Werte 10 %	5 %	2 %	1 %	$\alpha_{zweiseitig}$
	5 %	2,5 %	1 %	0,5 %	$\alpha_{einseitig}$
5	0	–	–	–	
6	2	0	–	–	
7	3	2	0	–	
8	5	3	1	0	
9	8	5	3	1	
10	10	8	5	3	
11	13	10	7	5	
12	17	13	9	7	
13	21	17	12	9	
14	25	21	15	12	
15	30	25	19	15	
16	35	29	23	19	
17	41	34	27	23	
18	47	40	32	27	
19	53	46	37	32	
20	60	52	43	37	
21	67	58	49	42	
22	75	65	55	48	
23	83	73	62	54	
24	91	81	69	61	
25	100	89	76	68	
26	110	98	84	75	
27	119	107	92	83	
28	130	116	101	91	
29	140	126	110	100	
30	151	137	120	109	

Beispiel: Krankheitsdauer in Tagen bei zwei Behandlungsmethoden:

Patient	1	2	3	4	5	6	7	8	9
Methode A	8,3	7,9	9,1	8,4	8,6	7,3	7,5	8,7	7,6
Methode B	8,0	7,2	8,5	8,2	7,8	7,7	7,0	8,8	6,6
Betrag der Differenz	0,3	0,7	0,6	0,2	0,8	0,4	0,5	0,1	1,0
Rang	3	7	6	2	8	4	5	1	9
Vorzeichen der Differenz	+	+	+	+	+	–	+	–	+

Die Summe der negativen Rangzahlen (kleinere Rangsumme) ist $1 + 4 = 5$. Da die Prüfgröße $T = 5 < 8$ ist, liegt der Stichprobenausfall im Ablehnungsgebiet, wenn man die statistische Sicherheit 90 % wählt. D.h.: Die Hypothese „Die Methoden sind gleich gut" wird mit einer Irrtumswahrscheinlichkeit von 10 % verworfen. ■

Ist $n > 25$, dann kann die Verteilung der Summen der Rangzahlen als annähernd normalverteilt angesehen werden mit

$$\sigma = \sqrt{\frac{n(n+1)(2n+1)}{24}} \quad \text{und} \quad \mu = \frac{n(n+1)}{4}.$$

Man errechnet dann einen z-Wert nach:

$$z = \frac{T - \frac{n(n+1)}{4}}{\sqrt{\frac{n \cdot (n+1) \cdot (2n+1)}{24}}}.$$

Die Signifikanz des z-Wertes wird dann mit dem Programm *Schranken der Normalverteilung* geprüft.

Programm *Berechnung des z-Wertes beim Wilcoxon-Test*

Speicherbelegung:

M 00 := n M 01 Zwischen- und Ergebnisspeicher

Programmschritte:

Programm-speicherplatz	Befehl	Erläuterung
000	LBL A	
bis	R/S Prt	Eingabe: T
050	– R/S STO 00 Prt	Eingabe: n; M 00 := n
	X (CE + 1)	
	: 4 = STO 01	
	RCL 00 X	
	(CE + 1) X	
	(2 X RCL 00 + 1)	
	: 24 = $\sqrt{x}$	
	INV Prd 01	
	RCL 01 Adv Prt	Ausgabe: z
	GTO A	

Programmbedienung:

(1) Programm in den Rechner eingeben.

(2) Programm mit [A] starten. T und n eingeben. Ausgegeben wird z.

Beispiel: Für das voranstehende Beispiel erhält man

```
A            5.  T
             9.  n

  -2.073221072  z
```

Die Wahrscheinlichkeit für diesen z-Wert ist 0,0192 nach dem Programm *Integration der Normalverteilung.* ■

10.3 Vergleich von unabhängigen Stichproben

10.3.1 Vorzeichentest

Sind zwei unabhängige Stichproben vom gleichen Umfang gegeben, dann bildet man mit Hilfe des Programms *Randomisierung* Paare und wendet auf diese zufälligen Paare den Vorzeichentest an. Der weitere Ablauf geschieht wie beim Vorzeichentest für abhängige Stichproben.

10.3.2 Mediantest

Der Mediantest ist ein Schnellverfahren zur Analyse von Daten. Wenn eine Hypothese aufgrund des Mediantests nicht abgelehnt wird, sollte ggf. das Ergebnis durch einen anderen Test überprüft werden.

Der gemeinsame Median beider Stichproben wird bestimmt. Dann wird für jede Ausprägung festgestellt, ob sie unter bzw. über dem Median liegt. Die so gewonnenen Anzahlen werden in eine Vierfeldertafel eingetragen:

	Stichprobe 1	Stichprobe 2	
Werte $\leqslant$ M	a	b	a + b
Werte $>$ M	c	d	c + d
	a + c	b + d	n

Die Signifikanz wird dann mit

$$\chi^2 = \frac{n \cdot (ad - bc)^2}{(a+b) \cdot (a+c) \cdot (b+d) \cdot (c+d)} \qquad \text{mit } f = 1$$

überprüft (s. Kapitel 11).

Anmerkung: Voraussetzung für die Anwendung des Mediantests ist, daß in den vier Feldern genügend große Besetzungszahlen (a, b, c, d $>$ 10) auftreten.

Programm *Chi-Quadrat für den Mediantest*

Speicherbelegung:

M 00 := a M 01 := b M 02 := c M 03 := d M 04 Zwischenspeicher

Programmschritte:

Programm-speicherplatz	Befehl	Erläuterung
000 bis 076	LBL A R/S Prt STO 00 + R/S Prt STO 01 + R/S Prt STO 02 + R/S Prt STO 03 = STO 04 X (RCL 00 X RCL 03 – RCL 01 X RCL 02) x^2 : (RCL 00 + RCL 01) : (RCL 02 + RCL 03) : (RCL 00 + RCL 02) : (RCL 01 + RCL 03) = Adv Prt Adv GTO A	 Eingabe: a; a → M 00 Eingabe: b; b → M 01 Eingabe: c; c → M 02 Eingabe: d; d → M 03 a + b + c + d → M 04 Berechnung von χ^2 Ausgabe: χ^2

Programmbedienung:

(1) Programm in den Rechner eingeben.

(2) Programm mit [A] starten; a, b, c, d eingeben. Ausgegeben wird χ^2.

Beispiel: Zwei Schülergruppen mit je 15 Schülern wurden nach zwei verschiedenen Methoden unterrichtet. Ein gemeinsamer Abschlußtest ergab die Punktzahlen:

erste Gruppe:	22	18	11	15	30	20	32	8	17	19	8	24	14	17	33
zweite Gruppe:	10	16	11	7	14	23	17	12	16	12	16	11	7	8	7

Der gemeinsame Median ist 15,5. In der ersten Stichprobe liegen 5 Werte unter und 10 Werte über dem Median. In der zweiten Stichprobe liegen 10 Werte unter und 5 Werte über dem Median. Also gilt: a = 5, b = 10, c = 10, d = 5.

Das Programm liefert:

```
A          5.  a
          10.  b
          10.  c
           5.  d

 3.333333333   χ²
```

Bei einem zweiseitigen Test mit S = 95 % kann man die Hypothese nicht ablehnen, daß die beiden Stichproben den gleichen Median haben. ■

10.3.3 Kolmogoroff-Smirnoff-Test

Wenn zwei Stichproben aus der gleichen Grundgesamtheit stammen, kann man annehmen, daß sich die kumulierten Häufigkeiten in jedem Punkt nur zufällig unterscheiden. Wenn sich aber die kumulierten Häufigkeiten in irgendeinem Punkt zu sehr unterscheiden, wird man annehmen, daß die Stichproben aus verschiedenen Grundgesamtheiten stammen.

Für die geordneten Klassen von Merkmalswerten werden die kumulierten Häufigkeiten in beiden Stichproben gebildet. Anschließend wird die große Differenz bestimmt. Da es sich um unabhängige Stichproben handelt, die miteinander verglichen werden, kann der Stichprobenumfang verschieden groß sein. Dies wird berücksichtigt, indem man n vom Kolmogoroff-Test durch das harmonische Mittel von n_1 und n_2 ersetzt:

$$n := \frac{n_1 \cdot n_2}{n_1 + n_2} \, .$$

Für $n > 30$ gilt:

Statistische Sicherheit	Kritischer D-Wert
95 %	$1{,}36 \sqrt{\frac{n_1 + n_2}{n_1 \cdot n_2}}$
99 %	$1{,}63 \sqrt{\frac{n_1 + n_2}{n_1 \cdot n_2}}$
99,9 %	$1{,}95 \sqrt{\frac{n_1 + n_2}{n_1 \cdot n_2}}$

Programm *Kolmogoroff-Smirnoff-Test*

Speicherbelegung:

M 00 := $\sqrt{\frac{n_1 + n_2}{n_1 \cdot n_2}}$ M 01 := n_1 M 02 := n_2 M 03 := f_{c1}

M 04 := f_{c2} M 05 := D_α M 06 bis M 08 Konstanten für D_α

Programmschritte:

Programm-speicherplatz	Befehl	Erläuterung
000 bis 022	LBL E CP CMs 1.36 STO 06 1.63 STO 07 1.95 STO 08 CLR	Startroutine Löschen der Register } Eingabe der Konstanten für D_α Löschen der Anzeige
023 bis 047	LBL B' R/S Prt STO 01 R/S Prt STO 02 + RCL 01 = : RCL 01 : RCL 02 = $\sqrt{x}$ STO 00 R/S	Eingaberoutine Eingabe: n_1; M 01 := n_1 Eingabe: n_2; M 02 := n_2 Berechnung von $\sqrt{\frac{n_1 + n_2}{n_1 \cdot n_2}}$
048 bis 073	LBL A RCL 06 GTO A' LBL B RCL 07 GTO A' LBL C RCL 08 LBL A' X RCL 00 = Prt Adv STO 05	} Bestimmung des Signifikanzniveaus Berechnung von D_α
074 bis 107	LBL C' R/S SUM 03 Prt R/S SUM 04 Prt RCL 03 : RCL 01 – (RCL 04 : RCL 02) = |x| Prt – RCL 05 = Prt Adv GTO C'	Berechnung von D Ausgabe: f_1 Ausgabe: f_2 Ausgabe: |D| Differenz zwischen |D| und D_α Ausgabe: |D| – D_α

Programmbedienung:

(1) Programm in den Rechner eingeben.

(2) Programm mit [E] starten. Stichprobenumfänge n_1 und n_2 eingeben.

(3) Programm fortsetzen mit

[A] bei $\alpha = 5\,\%$ [B] bei $\alpha = 1\,\%$ [C] bei $\alpha = 0{,}1\,\%$

Ausgegeben wird D_α.

(4) Häufigkeiten f_1 und f_2 jeweils mit [R/S] eingeben. Ausgegeben werden $|D|$ und $|D| - D_\alpha$.

(5) Testentscheidung: Ist in mindestens einem Fall der ausgedruckte Wert $|D| - D_\alpha$ positiv, dann muß die Nullhypothese abgelehnt werden.

Beispiel: Ein Test wurde in zwei Klassenstufen durchgeführt. Es ergab sich:

Punktzahl	Häufigkeit in Klassenstufe 1	Häufigkeit in Klassenstufe 2
0 bis 4	42	2
5 bis 9	29	11
10 bis 14	21	33
15 bis 19	19	20
20 bis 24	12	17
25 bis 29	7	24
30 bis 34	10	8
35 bis 39	11	6

Auf dem Signifikanzniveau $\alpha = 5$ % soll geprüft werden, ob sich die Stichproben signifikant unterscheiden.

Wir benutzen das Programm:

```
E                     151.   n1
                      121.   n2
               .1659366055   Dα

A (α = 5 %)            42.   f1
                        2.   f2
               .2616167697   |D|
               .0956801643   |D| - Dα

                       29.
                       11.
               0.362760659
               .1968240535

                       21.
                       33.
               .2291062339
               .0631696285

                       19.
                       20.
               .1896447923
               .0237081868

                       12.
                       17.
               .1286191232
              -.0373174823

                        7.
                       24.
               .0233703683
              -.1425662371

                       10.
                        8.
               .0232609053
              -.1426757002

                       11.
                        6.
                        0.
              -.1659366055
```

Es sind mehrere der ausgedruckten Werte $|D| - D_\alpha$ positiv, also muß die Hypothese abgelehnt werden, daß die beiden Stichproben aus derselben Grundgesamtheit stammen, d.h. gleiche Kenngrößen haben. ■

Der Kolmogoroff-Smirnoff-Test ist für kleine Stichprobenumfänge geeignet. Bei großem Stichprobenumfang sollte man den U-Test vorziehen.

10.3.4 U-Test von Mann-Whitney

Der U-Test ist ein Signifikanztest zur Prüfung der Hypothese, daß zwei unabhängig voneinander gewonnene Stichproben derselben Grundgesamtheit entstammen.

Man ordnet zunächst die Merkmalswerte aus beiden Stichproben gemeinsam nach der Größe, beginnend mit dem kleinsten Wert, und ordnet jedem Merkmalswert einen Rangplatz zu.

Ist n_1 mindestens gleich 3 und n_2 größer als 10, kann man einen z-Wert als Prüfgröße errechnen:

$$z = \frac{n_1 \cdot (n_1 + n_2 + 1) - 2\,T_1}{\sqrt{\dfrac{n_1 \cdot n_2 \cdot (n_1 + n_2 + 1)}{3}}},$$

dabei ist n_1 Umfang der kleineren Stichprobe,
n_2 Umfang der größeren Stichprobe,
T_1 Rangsumme der kleineren Stichprobe.

Anmerkung: Sind die Stichproben gleich groß, ist es gleichgültig, von welcher man ausgeht, um T_1 zu bestimmen.

Den z-Wert überprüft man mit dem Programm *Integration der Normalverteilung.*

Programm *z-Wert für den U-Test*

Speicherbelegung:

M 00 := n_1 M 01 := n_2 M 03 Zwischenspeicher M 04 := T_1
M 05 Zwischenspeicher

Programmschritte:

Programm-speicherplatz	Befehl	Erläuterung
000	LBL A	
bis	R/S Prt STO 00	Eingabe: n_1; M 00 := n_1
056	X R/S Prt STO 01	Eingabe: n_2; M 01 := n_2
	= STO 03	M 03 := $n_1 \cdot n_2$
	R/S Prt STO 04	Eingabe: T_1; M 04 := T_1
	RCL 00 + RCL 01	Berechnung der z-Werte
	+ 1 = STO 05	M 05 := $n_1 + n_2 + 1$
	X RCL 03 : 3 = $\sqrt{x}$	Nenner
	STO 03	
	RCL 00 X RCL 05 –	
	2 X RCL 04 =	Zähler
	: RCL 03 =	
	Adv Prt Adv	Ausgabe: z
	GTO A	

Programmbedienung:

(1) Programm in den Rechner eingeben.

(2) Programm mit [A] starten. Nacheinander n_1, n_2, T_1 eingeben. Ausgegeben wird der z-Wert.

Beispiel: Eine Behörde will prüfen, ob sich die Dienstreisen von zwei untergeordneten Dienststellen unterscheiden:

Dienststelle 1 $n_1 = 6$		Dienststelle 2 $n_2 = 10$	
km	Rang	km	Rang
405	8	4218	16
2320	14	1083	13
578	10	198	4
3613	15	107	3
216	5	222	6
48	1	748	12
	$T_1 = 53$	335	7
		431	9
		87	2
		614	11

Das Programm liefert:

A 6. n_1
10. n_2
53. T_1

-.2169304578 z

Zu diesem z-Wert gehört eine Wahrscheinlichkeit von 1,5 %: Die Werte unterscheiden sich signifikant auf dem 5 %-Niveau. ■

Muß man sogenannte verbundene Ränge bilden, so ändert dies an der Berechnung von U nichts. Verbundene Ränge liegen vor, wenn z. B. an einer Stelle mehrere Personen mit gleichen Werten liegen.

Diesen Personen werden zuerst aufeinanderfolgende Rangplätze zugewiesen. Dann erhält jede der betreffenden Personen einen aus den belegten Rangplätzen ermittelten mittleren Rangplatz zugewiesen. Belegen beispielsweise 4 Personen den Rangplatz 3, so wird jeder dieser Personen der Rangplatz $\frac{3+4+5+6}{4} = 4{,}5$ zugewiesen. Die nächste Person erhält den Rangplatz 7.

Beim U-Test mit verbundenen Rängen berechnet man den z-Wert nach:

$$z = \frac{n_1 (n_1 + n_2 + 1) - 2\,T_1}{\sqrt{\frac{n_1 \cdot n_2}{3\,n\,(n-1)} \left[n^3 - n - \sum (R_{gl}^3 - R_{gl})\right]}}, \quad \text{wobei } n = n_1 + n_2 .$$

Programm *z-Wert für U-Test mit verbundenen Rängen*

Speicherbelegung:

M 00 := n_1 M 01 := n_2 M 02 := T_1 M 03 := $(R_{gl}^3 - R_{gl})$ und Zwischenspeicher

M 04 := $\Sigma\,(R_{gl}^3 - R_{gl})$ M 05 Zwischenspeicher

Programmschritte:

Programm-speicherplatz	Befehl	Erläuterung
000 bis 017	LBL A R/S Prt STO 00 R/S STO 01 Prt R/S Prt STO 02 0 STO 04 Adv	 Eingabe: n_1; M 00 := n_1 Eingabe: n_2; M 01 := n_2 Eingabe: T_1; M 02 := T_1
018 bis 033	LBL B R/S Prt STO 03 y^x 3 − RCL 03 = SUM 04 GTO B	Eingabeschleife für die Anzahl der Objekte mit gleichen Rangplätzen: Rgl
034 bis 100	LBL C RCL 00 X (CE + RCL 01 + 1) − 2 X RCL 02 = STO 03 RCL 00 + RCL 01 = STO 05 − 1 = X 3 X RCL 05 : RCL 00 : RCL 01 : (RCL 05 y^x 3 − RCL 05 − RCL 04) = $\sqrt{x}$ X RCL 03 = Adv Prt Adv GTO A	Berechnung von z Ausgabe: z

Programmbedienung:

(1) Programm in den Rechner eingeben.

(2) Programm mit [A] starten. Die Werte n_1, n_2 und T_1 jeweils mit [R/S] eingeben. Anschließend die Anzahlen R_{gl} der Objekte mit gleichen Rangplätzen eingeben.

(3) Berechnung von z mit Taste [C] starten.

Beispiel:

```
A        15.    n1
         32.    n2
        248.    T1

          3. }
          2. }  Rgl
          5. }

C  2.557887882   z
```

■

11 Testverfahren für nominalskalierte Daten

In manchen Fällen ist es nicht möglich, Aussagen über Rangfolgen zu machen, sondern man kann Daten lediglich bestimmten Klassen zuordnen, z. B. „Männer", „Nichtraucher", „Landwirte" usw.

11.1 Verfahren für eine Stichprobe

11.1.1 Vergleich einer empirischen mit einer theoretischen Verteilung (Chi-Quadrat-Anpassungstest)

Mit Hilfe des Chi-Quadrat-Anpassungstests kann man einen Vergleich einer empirischen mit einer theoretischen Verteilung vornehmen.

Ein Zufallsexperiment habe die sich gegenseitig ausschließenden Ergebnisse $A_1, A_2, \ldots, A_m$. Die Wahrscheinlichkeiten $P(A_i)$ sind nicht bekannt. Es werde aber vermutet, daß $P(A_i) = p_i$ sei. Dann kann für jedes Ergebnis die zu erwartende Besetzungszahl f_{ei} bestimmt werden: $f_{ei} = n\,p_i$.

Die Vermutung über die Wahrscheinlichkeit wird als Nullhypothese H_0 genommen. Zur Überprüfung dieser Hypothese wird eine Stichprobe vom Umfang n genommen, bei der f_{bi} die Besetzungszahl von A_i ist. Es gilt $f_{b1} + f_{b2} + \ldots + f_{bm} = n$.

Die Testgröße

$$\chi^2 = \sum_{i=1}^{m} \frac{(f_{ei} - f_{bi})^2}{f_{ei}} = \sum_{i=1}^{m} \frac{(\text{erwartete Besetzungszahl} - \text{tatsächliche Besetzungszahl})^2}{\text{erwartete Besetzungszahl}}$$

ist bei hinreichend großen Stichproben näherungsweise χ^2-verteilt mit $f = m - 1$ Freiheitsgraden. Ist $\chi^2 > \chi^2_{\alpha,f}$, so ist H_0 auf dem Signifikanzniveau α abzulehnen.

Anmerkung: Im Falle nur zweier Klassen sollte $n > 30$ sein. In jedem Fall sollten alle $f_{ei} \geqslant 5$ sein. Wenn dies nicht der Fall ist, kann man im allgemeinen mehrere Klassen entsprechend zusammenfassen.

Die χ^2-Verteilung ist festgelegt durch die Funktion:

$$f(\chi^2) = \frac{1}{2^{\frac{f}{2}} \cdot \Gamma(\frac{f}{2})} \cdot (\chi^2)^{\frac{f-2}{2}} \cdot e^{\frac{-\chi^2}{2}},$$

dabei ist f die Anzahl der Freiheitsgrade.

Die χ^2-Funktion kann nur positive Werte annehmen. Ab $n = 3$ beginnt die Funktion im Ursprung und nähert sich mit wachsendem n der Normalverteilung (Abb. 30).

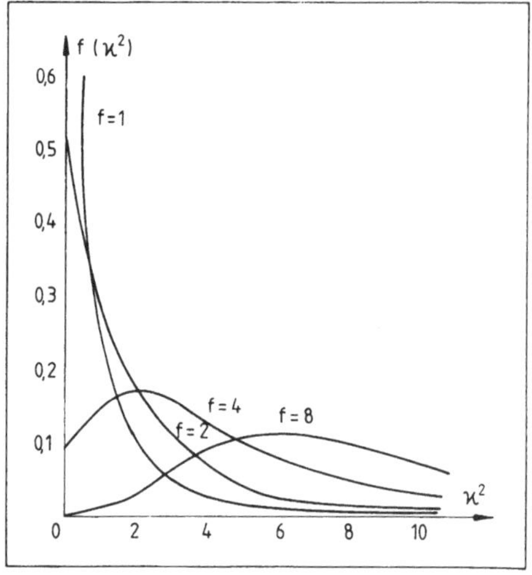

Abb. 30
χ^2-Verteilung für verschiedene Freiheitsgrade

Programm *Chi-Quadrat-Verteilungsfunktion*

Um die Wahrscheinlichkeit zu bestimmen, höchstens ein bestimmtes χ^2 zu erreichen, muß die Fläche unter der Kurve bis χ^2 bestimmt werden. Die Schranke $\chi^2_{f,S}$ für vorgegebene Wahrscheinlichkeit S kann mit Hilfe einer relativ einfachen Näherung geschehen:

$$\chi^2_{f,S} = f\left(1 - \frac{2}{9f} + z'_S \sqrt{\frac{2}{9f}}\right)^3 .$$

Dabei ist z'_S die Schranke der Normalverteilung (linke Schranke $-\infty$) für vorgegebene Wahrscheinlichkeit S. In dem Programm *Integration der Normalverteilung* ist die Fläche unter der Normalverteilung von $-z_S$ bis $+z_S$ berechnet worden. Daher muß hier eine entsprechende Umrechnung erfolgen.

Programm *Schranken der Chi-Quadrat-Verteilung*

Benutzt wird das Programm zur Berechnung der Schranken der Normalverteilung zur Berechnung der z-Werte. Diese werden umgerechnet auf die z'-Werte. Anschließend wird die Näherungsformel zur Berechnung der Chi-Quadrat-Werte benutzt.

Speicherbelegung:

M 00 bis M 05 Konstantenspeicher		M 06 := s^*, χ^2	M 07 Zwischenspeicher
M 08 := (1 − S)/2	M 09 := f	M 10 := 2/9 f	M 11 Zwischenspeicher

Programmschritte:

Programm-speicherplatz	Befehl	Erläuterung	
000	LBL A		
bis	2.515517 STO 00	$a_0 \rightarrow$ M 00	Konstanten für z_S'-Berechnung
057	.802853 STO 01	$a_1 \rightarrow$ M 01	(s. Programm *Schranken der*
	.010328 STO 02	$a_2 \rightarrow$ M 02	*Normalverteilung*)
	1.432788 STO 03	$b_1 \rightarrow$ M 03	
	.189269 STO 04	$b_2 \rightarrow$ M 04	
	.001308 STO 05	$b_3 \rightarrow$ M 05	
058	LBL A'		
bis	R/S Adv Prt STO 09	Eingabe: f;	f → M 09
083	R/S Prt Adv STO 08	Eingabe: S;	S → M 08
	STO 11 x⇄t .5		
	x ⩾ t Prd		
	1 − RCL 08 = STO 11		
084	LBL Prd		
bis	RCL 11		
153	x^2 1/x ln x		
	$\sqrt{x}$ STO 06	$s^* \rightarrow$ M 06	
	X RCL 05	$s^* b_3$	
	+ RCL 04 =		
	X RCL 06		
	+ RCL 03 =		
	X RCL 06		
	+ 1 = STO 07		
	RCL 06 X RCL 02		
	+ RCL 01 =		
	X RCL 06		
	+ RCL 00 =		
	: RCL 07 =		
	INV SUM 06	z'	
	.5 x⇄t		
	RCL 08 x ⩾ t SUM		
	RCL 06 X 1 +/− =		
	STO 06		
154	LBL SUM		
bis	2 : 9 :		
185	RCL 09 = STO 10	$2/9\,f \rightarrow$ M 10	
	$\sqrt{x}$ X RCL 06	$z\sqrt{2/9\,f}$	
	− RCL 10	$-2/9\,f + z\sqrt{2/9\,f}$	
	+ 1 =	$1 - 2/9\,f + z\sqrt{2/9\,f}$	
	y^x 3 =	$(1 - 2/9\,f + z\sqrt{2/9\,f})^3$	
	X RCL 09 =	$f \times (1 - 2/9\,f + z\sqrt{2/9\,f})^3$	
	Prt Adv GTO A'	Ausgabe: χ^2	

Programmbedienung:

(1) Programm in den Rechner eingeben.

(2) Programm mit [A] starten; f und S eingeben. Ausgegeben wird χ_S^2.

Beispiele:

A		
10. f	10. f	10. f
0.9 S	0.1 S	0.5 S
15.96881081 χ_S^2	4.869027747 χ_S^2	9.348037977 χ_S^2

Anmerkung: Die Fläche unter der Chi-Quadrat-Verteilung kann mit Hilfe einer Reihenentwicklung berechnet werden:

$$P(x) = \int_0^x f(t)\,dt = \frac{\left(\frac{x}{2}\right)^{\frac{\nu}{2}} e^{-\frac{x}{2}}}{\Gamma\left(\frac{\nu+2}{2}\right)} \left[1 + \sum_{k=1}^{\infty} \frac{x^k}{(\nu+2)(\nu+4)\ldots(\nu+2k)}\right].$$

Ist ν geradzahlig, gilt $\Gamma(\frac{\nu}{2}) = (\frac{\nu}{2} - 1)!$ Ist ν ungerade, gilt $\Gamma(\frac{\nu}{2}) = (\frac{\nu}{2} - 1)(\frac{\nu}{2} - 2)\ldots(\frac{1}{2})\,\Gamma(\frac{1}{2})$.
Es ist: $\Gamma(\frac{1}{2}) = \sqrt{\pi}$.

Programm *Chi-Quadrat-Anpassungstest*

Speicherbelegung:

M 00 := z M 01 := f_{ei} M 02 := f_{bi} M 03 := n

Programmschritte:

Programm-speicherplatz	Befehl	Erläuterung
000 bis 020	LBL B' RCL 02 − RCL 01 = x^2 : RCL 01 = SUM 00 1 SUM 03 RCL 03 INV SBR	Subroutine zur Berechnung der Prüfgröße
021 bis 039	LBL A Adv CMs CLR LBL A' R/S Prt STO 02 R/S Prt STO 01 B' Adv GTO A'	Eingaberoutine Eingabeschleife Eingabe: f_{bi} Eingabe: f_{ei} Abruf der Subroutine: Ende Eingabeschleife
040 bis 053	LBL B Adv RCL 00 Prt RCL 03 − 1 = Prt Adv INV SBR	Ausgaberoutine Ausgabe: χ^2 Ausgabe: f

Programmbedienung:

(1) Programm in den Rechner eingeben.

(2) Taste [A] betätigen; beobachteten Wert f_{bi} eingeben, erwarteten Wert f_{ei} eingeben.

(3) Taste [B] betätigen. Ausgegeben werden die Prüfgröße χ^2 und die Anzahl f der Freiheitsgrade.

Beispiel: In einem Werk werden einen Monat lang die Maschinenstillstände in der 1., 2., ..., 8. Stunde einer Schicht notiert, um zu prüfen, ob die Wahrscheinlichkeit hierfür in gewissen Stunden der Schicht besonders groß ist:

Schichtstunde	1	2	3	4	5	6	7	8
Anzahl f_{bi} der Maschinenstillstände	27	16	19	24	23	18	16	17

Der Stichprobenumfang ist $27 + 16 + \ldots + 17 = 160$.

Wir nehmen als Nullhypothese, daß die Schichtstunden sich bezüglich der Wahrscheinlichkeiten für Maschinenstillstände nicht unterscheiden. Dann ist $p_i = 1/8$ und $n p_i = 20$.

A 27. f_{bi} — f_b beobachtete Besetzungszahlen

20. f_{ei} — f_e erwartete (theoretische) Besetzungszahlen

```
16.
20.

19.
20.

24.
20.

23.
20.

18.
20.

16.
20.

17.
20.
```

6. $= \chi^2$

B 7. = f

Da $\chi^2_{5\,\%;\,7} = 14{,}1$ ist, kann H_0 auf dem Signifikanzniveau 5 % nicht abgelehnt werden. Bei diesem Stichprobenbefund müssen die beobachteten Ergebnisse noch als zufällig angesehen werden. ■

11.1.2 Vergleich der Streuung einer Stichprobe mit der einer Grundgesamtheit

Um zu prüfen, ob eine Stichprobe zu einer bestimmten Grundgesamtheit gehört und dieselbe Streuung aufweist, errechnet man ein Chi-Quadrat nach:

$$\chi^2 = \frac{(n-1)\, s_{St}^2}{s_G^2}$$

s_{St}^2 Varianz der Stichprobe
s_G^2 Varianz der Grundgesamtheit
$f = n - 1$

Anmerkung: Voraussetzung für die Anwendung dieses Tests ist, daß die Grundgesamtheit, mit der verglichen wird, normalverteilt ist.

11.2 Verfahren für zwei unabhängige Stichproben

11.2.1 Vergleich zweier relativer Anteile (λ-Test)

Bei zahlreichen Untersuchungen kann das Ergebnis jeweils nur zwei Werte annehmen. In der ersten Stichprobe (Umfang N_1) tritt ein Ereignis A genau Z_1-mal auf. In einer zweiten Stichprobe (Umfang N_2) tritt dasselbe Ereignis A genau Z_2-mal auf. Mit dem λ-Test wird untersucht, ob die Unterschiede der beiden relativen Anteile $p_1 = Z_1/N_1$ und $p_2 = Z_2/N_2$ nur zufällig sind oder nicht.

Man kann die zugehörige Binomialverteilung durch eine Normalverteilung annähern, wenn p_1 und p_2 im Intervall von

$$\frac{9}{N+9} \quad \text{bis} \quad \frac{N}{N+9}$$

N jeweiliger Stichprobenumfang

liegen.

Zur Entscheidung, ob vorhandene Unterschiede zwischen p_1 und p_2 zufällig sind oder nicht, wird eine Prüfgröße λ

$$\lambda = \frac{|p_1 - p_2|}{s_d}$$

mit

$$s_d = \sqrt{p_{12} \cdot q_{12}\, \frac{N_1 + N_2}{N_1 N_2}}, \qquad p_{12} = \frac{Z_1 + Z_2}{N_1 + N_2}, \qquad q_{12} = 1 - p_{12}$$

gebildet. Einsetzen ergibt:

$$\lambda = \sqrt{\frac{(N_1 + N_2)\,(N_2 Z_1 - N_1 Z_2)^2}{N_1 N_2 (Z_1 + Z_2)\,(N_1 + N_2 - Z_1 - Z_2)}}\,.$$

Zur Testentscheidung bestimmt man die Fläche unter der Normalverteilung von $-\lambda$ bis $+\lambda$ mit Hilfe des Programms *Integration der Normalverteilung.* Diese Fläche gibt die Wahrscheinlichkeit an und kann mit der gewünschten statistischen Sicherheit verglichen werden.

Programm *Prüfgröße für λ-Test*

Speicherbelegung:

M 01 := N_1 M 02 := Z_1 M 03 := N_2 M 04 := Z_2

Programmschritte:

Programm-speicherplatz	Befehl	Erläuterung
000 bis 019	LBL A R/S Prt STO 01 R/S Prt STO 02 Adv R/S Prt STO 03 R/S Prt STO 04 Adv	 N_1 Z_1 N_2 Z_2 Papiervorschub
020 bis 079	RCL 01 + RCL 03 = X (RCL 03 X RCL 02 – RCL 01 X RCL 04) x^2 = : (RCL 01 X RCL 03) = : (RCL 02 + RCL 04) = : (RCL 01 + RCL 03 – RCL 02 – RCL 04) = $\sqrt{x}$ Prt Adv GTO A	$N_1 + N_2$ $(N_2 Z_1 - N_1 Z_2)^2$: $N_1 N_2$: $(Z_1 + Z_2)$: $(N_1 + N_2 - Z_1 - Z_2)$ Ausgabe: λ Rücksprung nach A

Beispiel: Bei einer bestimmten Krankheit werden zwei Medikamente a und b bezüglich ihrer Wirkung überprüft. Dabei ergab sich:

	Anzahl der Patienten	Anzahl der geheilten Patienten
Mittel a	214	44
Mittel b	427	110

Für die Heilungsraten folgt daher:

$p_a = 44/214 = 0{,}2056$ $\qquad$ $p_b = 110/427 = 0{,}2576$

Das Programm liefert:

```
A        214.  N1
          44.  Z1

         427.  N2
         110.  Z2

  1.453315085  λ
```

Mit Hilfe des Programms *Integration der Normalverteilung* ergibt sich S ≈ 85 %. Eine unterschiedliche Wirkung der Medikamente kann daher nicht mit einer genügend großen statistischen Sicherheit angenommen werden. ■

11.2.2 Vierfelder-Chi-Quadrat-Test

Hat man zwei unabhängige Stichproben, die jeweils nur zwei Merkmalsausprägungen enthalten, so kann man eine Vier-Felder-Tafel erstellen:

	erste Stichprobe	zweite Stichprobe
erste Merkmalsausprägung	a	b
zweite Merkmalsausprägung	c	d

Dabei bezeichnen a, b, c, d die jeweiligen Anzahlen. Als Prüfgröße kann man ein Chi-Quadrat bestimmen:

$$\chi^2 = \frac{N \cdot (ad - bc)^2}{(a+b) \cdot (a+c) \cdot (b+d) \cdot (c+d)} \quad \text{mit } N = a + b + c + d\,,$$

dabei ist die Anzahl der Freiheitsgrade f = 1.

Programm *Chi-Quadrat für Vierfeldertafel*

Speicherbelegung:

M 00 := a M 01 := b M 02 := c M 03 := d M 04 := N

Programmschritte:

Programm-speicherplatz	Befehl	Erläuterung
000 bis 021	LBL A R/S Prt STO 00 + R/S Prt STO 01 + R/S Prt STO 02 + R/S Prt STO 03 Adv	 Eingabe: a; a → M 00 Eingabe: b; b → M 01 Eingabe: c; c → M 02 Eingabe: d; d → M 03 Papiervorschub
022 bis 075	= STO 04 X (RCL 00 X RCL 03 − RCL 01 X RCL 02) x^2 : (RCL 00 + RCL 01) : (RCL 02 + RCL 03) : (RCL 00 + RCL 02) : (RCL 01 + RCL 03) = Prt Adv GTO A	a + b + c + d = N → M 04 Ausgabe: Chi-Quadrat Rücksprung zum Programmanfang

Beispiel: Die Anteile der männlichen und weiblichen Beschäftigten in zwei Betrieben sollen verglichen werden:

	Betrieb A	Betrieb B	
weibliche Beschäftigte	178	472	650
männliche Beschäftigte	316	1638	1954
	494	2110	2604 = N

Mit Hilfe des Programms bestimmen wir Chi-Quadrat:

```
A        178.   a
         472.   b
         316.   c
        1638.   d

 39.89209374   χ²
```

Der berechnete Wert ist wesentlich größer als $\chi_{1\%,1} = 6{,}63$. D.h.: Die beobachteten Unterschiede sind außerordentlich signifikant. ■

Anmerkungen:

1) Dem Vierfelder-Chi-Quadrat-Test liegt die Modellannahme zugrunde, daß sich die Gesamtzahl N im entsprechenden Verhältnis auf die vier Klassen verteilt. Es kann Chi-Quadrat auch unmittelbar über

$$\chi^2 = \sum \frac{(f_{bi} - f_{ei})^2}{f_{ei}}$$

berechnet werden.

2) Ist $N < 40$, wird der Chi-Quadrat-Test ungenau. Diese Ungenauigkeit kann durch die Yates-Korrektur verringert werden:

$$\chi^2 = \sum \frac{(|f_{ei} - f_{bi}| - 0{,}5)^2}{f_{ei}} .$$

11.3 Vergleich zweier abhängiger Stichproben (Mc Nemar-Test)

Zwei abhängige Stichproben liegen vor, wenn man beispielsweise dieselben Merkmalsträger vor und nach einer Unterweisung, Behandlung, Wahl o.ä. befragt und die Merkmalsausprägungen jeweils feststellt. Untersucht man dieselben Merkmalsträger zweimal im Hinblick auf ein Merkmal, das genau zwei Ausprägungen hat, kann man eine Vierfeldertafel erstellen:

		zweite Untersuchung	
		Merkmals-ausprägung A	Merkmals-ausprägung B
erste Untersuchung	Merkmals-ausprägung A	a	b
	Merkmals-ausprägung B	c	d

Es wird ein Chi-Quadrat bestimmt nach:

$$\chi^2 = \frac{(b-c)^2}{b+c} \quad \text{mit } f = 1.$$

Beispiel: Eine Werbeaktion für die Schokoladenmarke A soll auf ihre Auswirkungen hin überprüft werden. Dieselben Personen wurden befragt. Nach Ablauf der Werbeaktion waren 92 Personen der Schokoladenmarke A treu geblieben. 4 waren von A abgefallen. 58 Personen kauften erst jetzt die Marke A und 481 blieben bei anderen Marken. Also:

		nach der Aktion: A	nach der Aktion: andere Marken
vor der Aktion	A	92	4
	andere Marken	58	481

$$\chi^2 = \frac{(4-58)^2}{4+58} \approx 47$$

Da man bei einem Freiheitsgrad auf dem 1 %-Niveau einen kritischen Wert von 6,63 erhält, darf die Werbeaktion in statistischer Hinsicht als durchschlagender Erfolg angesehen werden. ■

Anmerkung: Für den Mc Nemar-Test gelten dieselben Einschränkungen wie für den Vierfelder-Chi-Quadrat-Test.

12 Regression

Im Bereich der Naturwissenschaften, der Technik und der Sozialwissenschaften tritt häufig das Problem auf, Zusammenhänge zwischen Merkmalen mathematisch zu charakterisieren. Ist der Zusammenhang zwischen den Merkmalen X und Y der Form nach bekannt, dann besteht das Ziel der Regressionsanalyse darin, die Konstanten der entsprechenden Funktion zu ermitteln. Ist diese Aufgabe gelöst, dann kann untersucht werden, welche Vorhersagen aufgrund einer bestimmten Anzahl von Datenpaaren gemacht werden können.

Zur Veranschaulichung zeichnet man die Punkte, die zu den Datenpaaren gehören, zweckmäßigerweise in ein Koordinatensystem ein.

12.1 Grundlagen der Regression

Um eine Funktion zu finden, deren Graph möglichst gut durch die Punkte des Koordinatensystems verläuft, benutzt man die Fehlerquadratmethode von Gauß:

Von allen möglichen Funktionen eines gegebenen Modells $y = f(x)$, die man einer gegebenen Anzahl von Wertepaaren $(x; y)$ anpassen kann, gibt diejenige Funktion den Zusammenhang im Sinne des angenommenen Modells am besten wieder, für die die Summe der Quadrate der Ordinatenabstände der Punkte von dieser Funktion ein Minimum ist (Abb. 31).

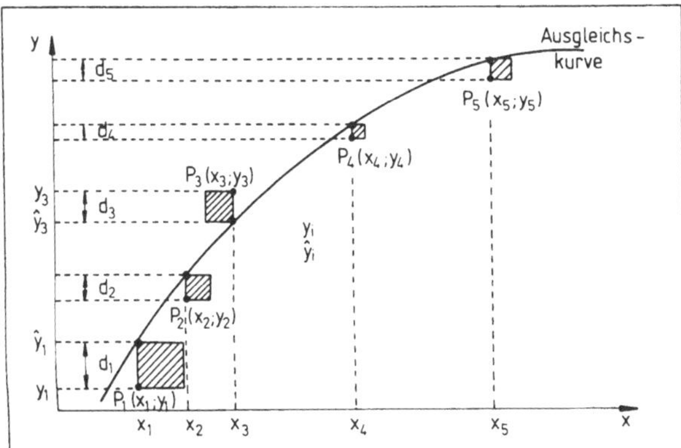

Abb. 31
Gauß-Fehlerquadratmethode

Ist y_i der Ordinatenwert des Punktes P_i und $\hat{y}_i$ der zu dem Abszissenwert x_i gehörige Wert auf der Ausgleichskurve, dann lautet die Minimumsbedingung mit $d_i = y_i - \hat{y}_i$:

$$d_1^2 + d_2^2 + d_3^2 + \ldots + d_n^2 = \sum_{i=1}^{n} d_i^2 = \sum_{i=1}^{n} (y_i - \hat{y}_i)^2 = \text{MIN}.$$

12.2 Lineare Regression

12.2.1 Ausgleichsgerade

Gegeben sind die Daten einer Stichprobe, die aus den Wertepaaren $(x_i; y_i)$ $(i = 1, 2, 3, \ldots, n)$ besteht. Gesucht ist die Regressionsgerade mit der Gleichung

$$\tilde{y} = a_1 x + a_c ,$$

die möglichst gut durch die Punkte $(x_i; y_i)$ läuft.

Aus der Methode der kleinsten Quadrate folgt, daß die Regression gerade durch den Punkt $(\overline{x}; \overline{y})$ verläuft. Für die Steigung der Regressionsgerade, d.h. für den sogenannten *Regressionskoeffizient* a_1, ergibt sich

$$a_1 = \frac{\Sigma\, x_i\, y_i - \frac{1}{n}\, \Sigma\, x_i\, \Sigma\, y_i}{\Sigma\, x_i^2 - \frac{1}{n}\, (\Sigma\, x_i)^2} .$$

Da die Regressionsgerade durch den Schwerpunkt $(\overline{x}; \overline{y})$ verläuft, kann nach der Punkt-Steigungsformel die *Regressionskonstante* a_0 berechnet werden:

$$a_0 = \overline{y} - a_1\, \overline{x} .$$

Programm *Lineare Regression*

Das Programm benutzt nicht die speziellen Möglichkeiten des TI 58/59, damit das Programm leicht auf andere Rechnertypen übertragen werden kann.

Speicherbelegung:

M 00 := x_i	M 01 := $\Sigma\, y_i$	M 02 := $\Sigma\, y_i^2$	M 03 := $\Sigma\, i = n$
M 04 := $\Sigma\, x_i$	M 05 := $\Sigma\, x_i^2$	M 06 := $\Sigma\, x_i\, y_i$	M 07 := y_i
M 10 := a_1	M 12 := $\overline{x}$	M 13 := $\overline{y}$	M 17 := $\Sigma\, (x_i - \overline{x})$

M 18 := $\Sigma\, (x_i - \overline{x})\, (y - \overline{y})$

Programmschritte:

Programm-speicherplatz	Befehl	Erläuterung
000 bis 005	LBL CLR CMs Adv CLR INV SBR	Startroutine
006 bis 043	LBL A SBR CLR LBL STO R/S Prt STO 00 SUM 04 x^2 SUM 05 1 SUM 03 R/S Prt STO 07 SUM 01 X RCL 00 = SUM 06 RCL 07 x^2 SUM 02 Adv GTO STO	Eingaberoutine Eingabeschleife Eingabe: x_i; M 0 := x_i Σx_i^2 i := i + 1 Eingabe: y_i M 7 := y_i M 1 := Σy_i M 6 := $\Sigma x_i y_i$ M 2 := Σy_i^2
044 bis 111	LBL B RCL 04 : RCL 03 = Prt STO 12 RCL 01 : RCL 03 = Prt STO 13 Adv RCL 05 – RCL 04 x^2 : RCL 03 = STO 17 RCL 06 – RCL 04 X RCL 01 : RCL 03 = STO 18 RCL 18 : RCL 17 = Prt STO 10 RCL 13 – RCL 10 X RCL 12 = Prt Adv R/S	Berechnungsroutine $\bar{x}$ M 12 := $\bar{x}$ Ausgabe: $\bar{x}$ $\bar{y}$ M 13 := $\bar{y}$ Ausgabe: $\bar{y}$ } Nenner von a_1 } Zähler von a_1 Regressionskoeffizient a_1 Regressionskonstante a_0

Programmbedienung:

(1) Programm in den Rechner eingeben.

(2) Programm mit [A] starten; Wertepaare (x_i; y_i) jeweils einzeln mit [R/S] eingeben.

(3) Ergebnisse mit [B] abrufen. Ausgedruckt werden $\bar{x}$, $\bar{y}$, a_1 und a_0.

Beispiel: Bei acht Schülern werden Notendurchschnitt und Intelligenzquotient bestimmt:

Notendurchschnitt	2,11	1,98	2,46	3,37	3,82	1,54	2,70	2,65
Intelligenzquotient	98	114	107	89	84	122	104	128

Die Auswertung ergibt:

A

```
 2.11   xi
 98.    yi

 1.98
114.

 2.46
107.

 3.37
 89.

 3.82
 84.

 1.54
122.

 2.7
104.

 2.65
128.
```

B

```
   2.57875   x̄
 105.75      ȳ

-14.83000736  a1
143.9928815   a0
```

Die Gerade $y = -14{,}8\,x + 144$ kann benutzt werden, um für vorgegebenen Notendurchschnitt den zu erwartenden Intelligenzquotienten zu prognostizieren. ■

12.2.2 Standardabweichung der Ausgleichsgeraden

Sind die Paare von Merkmalswerten gegeben und hat man aus diesen durch Regressionsrechnung die Konstanten a_0, a_1 der Regressionsgeraden bestimmt, dann sind wegen der Streuung der statistischen Daten auch die Konstanten unsicher.

Die Standardabweichung der linearen Ausgleichsfunktion ist gegeben durch:

$$s_{Gerade} = \sqrt{\frac{\Sigma\, y_i^2 - a_1\, \Sigma\, y_i - a_0\, \Sigma\, x_i\, y_i}{n-2}}\,.$$

Je enger die Punkte an der Ausgleichsfunktion liegen, desto kleiner ist s.

Wenn die Punkte um die Ausgleichskurve normal verteilt sind, dann gilt für eine genügend große Zahl n von Punkten (theoretisch unendlich viele):

68,3 % aller Punkte liegen im Bereich $f(x) \pm 1 \cdot s_{Gerade}$

95,4 % aller Punkte liegen im Bereich $f(x) \pm 2 \cdot s_{Gerade}$

99,7 % aller Punkte liegen im Bereich $f(x) \pm 3 \cdot s_{Gerade}$

Das Programm *Lineare Regression* kann durch die Schritte

X RCL 06 +/− − RCL 10 X RCL 01
+ RCL 02 =
: (RCL 03 − 2) = $\sqrt{x}$ Prt

ergänzt werden. Dann wird die Standardabweichung s_{Gerade} mit ausgedruckt.

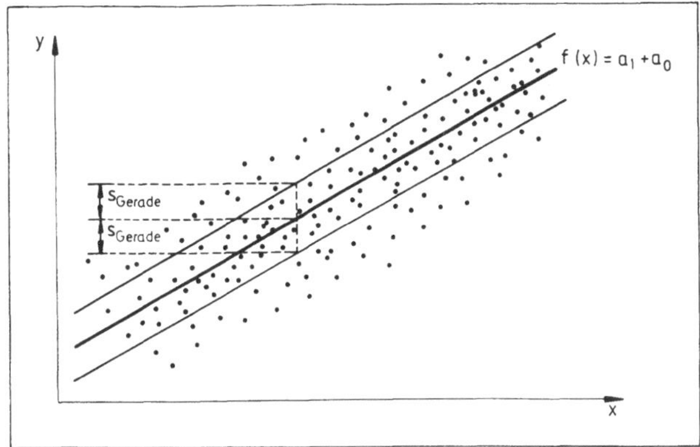

Abb. 32
Streubereich einer Ausgleichsgeraden

Anmerkung: Für die Konstanten a_1 und a_0 der Regressionsgeraden lassen sich Vertrauensbereiche angeben.

$$\Delta a = t \frac{s_{Gerade}}{\sqrt{\Sigma x_i^2 - n \bar{x}^2}}$$

t Schranke der t-Verteilung für die statistische Sicherheit S und f = n − 2

$$\Delta b = \Delta a \sqrt{\frac{\Sigma x_i^2}{n}} .$$

Die aus den gegebenen Daten berechnete Ausgleichsgerade ist umso besser, je kleiner Δa und Δb sind.

12.2.3 Prognose bei linearer Regression

In vielen Fällen wird die berechnete Regressionsgerade verwendet, um zu einem vorgegebenen x-Wert den zugehörigen y-Wert zu prognostizieren. Dazu wird das Programm durch LBL C ergänzt. Zuvor wird in dem Programm *Lineare Regression* eingeschoben:

Nach dem PRINT-Befehl für a_1: STO 07
nach dem PRINT-Befehl für a_0: STO 00

Programm *Prognose bei linearer Regression*

112	LBL C	Routine für Prognose
bis	Adv	
126	R/S Prt X	Eingabe: x-Wert
	RCL 07 +	
	RCL 00 =	
	Prt	Ausgabe: y-Wert
	GTO C	

Programmbedienung:

(1) Programm *Lineare Regression* ergänzen und einspeichern.

(2) Konstanten mit Hilfe des Programms *Lineare Regression* bestimmen.

(3) Anschließend Taste [C] betätigen und x-Wert eingeben. Ausgegeben wird der zugehörige prognostizierte y-Wert.

Beispiel (Fortsetzung): Für die Noten 2 und 3 erhält man die zu erwartenden Intelligenzquotienten 114 und 100. ■

Anmerkung: Mit Hilfe der Beziehung

$$\Delta y = t \cdot s_{Gerade} \sqrt{\frac{1}{n} + \frac{(x - \bar{x})^2}{\Sigma x_i^2 - n \bar{x}^2}}$$

t Schranke der t-Verteilung für die statistische Sicherheit S und f = n − 2

läßt sich bestimmen, in welchem Vertrauensintervall ein berechneter y-Wert zu einem vorgegebenen x-Wert liegt.

12.3 Linearisierbare Regression

Bei vielen Problemstellungen, bei denen man zwischen zwei Variablen x und y einen Zusammenhang ermitteln will, ist das Modell eines linearen Ansatzes nicht anwendbar.

Beispiel: Beim radioaktiven Zerfall ist der Zusammenhang zwischen der noch vorhandenen Menge N und der Zeit t gegeben durch die Funktion

$$N = N_0 \, e^{-\lambda t}$$

λ = konst.
N_0 = Ausgangsmenge

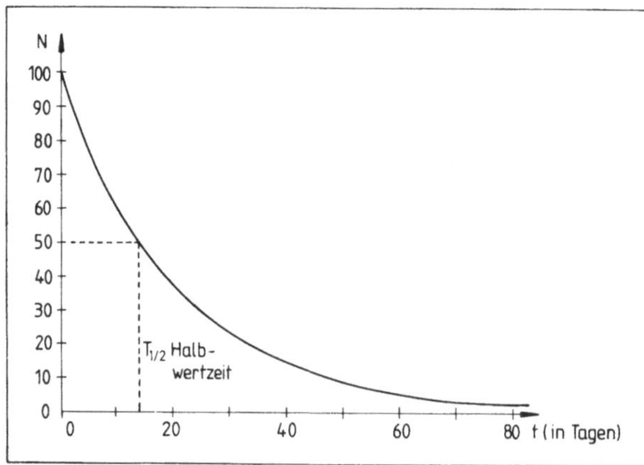

Abb. 33

Zerfall eines radioaktiven Präparats (Phosphor 32) ■

Unter linearisierbaren Funktionsmodellen versteht man solche, die sich nach Anwendung einer geeigneten Transformation in eine lineare Funktion umwandeln lassen. Mit den transformierten Werten kann dann eine lineare Regressionsrechnung durchgeführt werden. Dies ist wesentlich einfacher als die direkte Anwendung der Methode der kleinsten Fehlerquadratmethode auf die eigentlichen Ausgleichsfunktionen.

Beispiele für linearisierbare Funktionen:

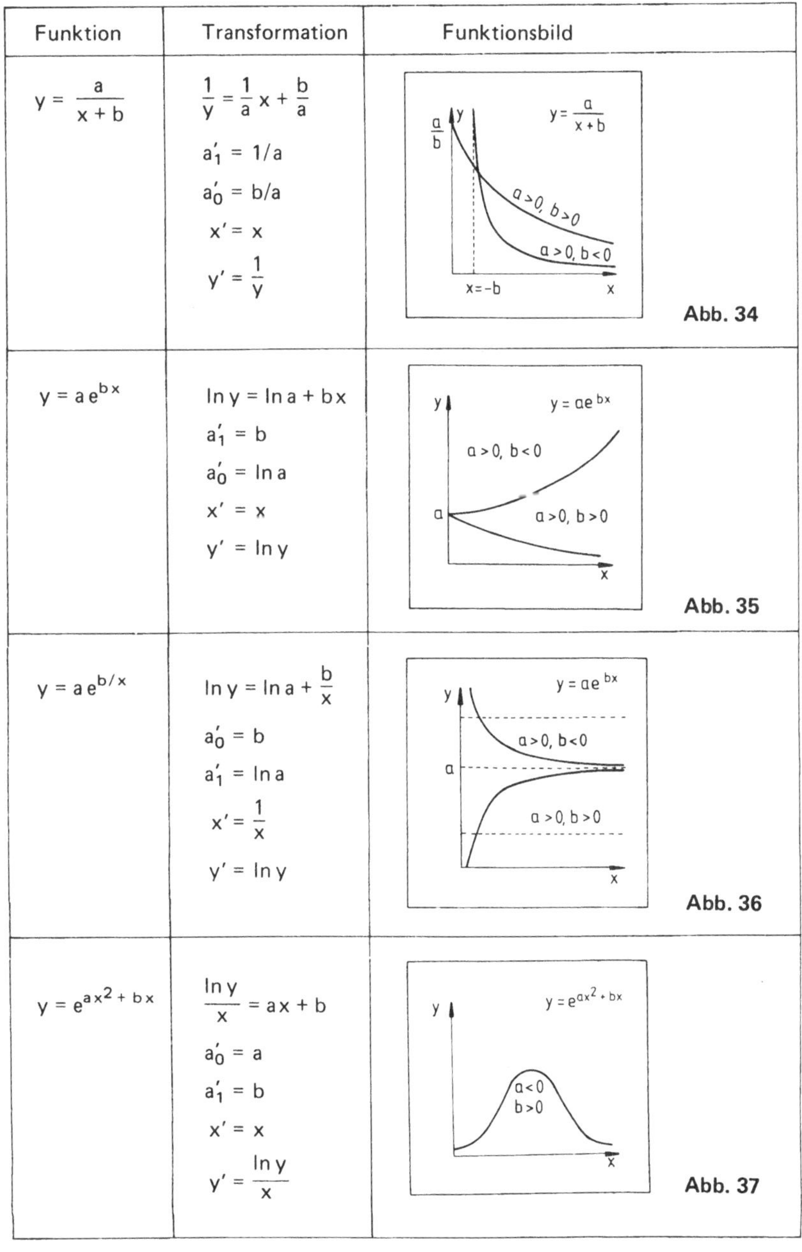

Funktion	Transformation	Funktionsbild
$y = \frac{a}{x+b}$	$\frac{1}{y} = \frac{1}{a} x + \frac{b}{a}$ $a_1' = 1/a$ $a_0' = b/a$ $x' = x$ $y' = \frac{1}{y}$	Abb. 34
$y = a e^{bx}$	$\ln y = \ln a + bx$ $a_1' = b$ $a_0' = \ln a$ $x' = x$ $y' = \ln y$	Abb. 35
$y = a e^{b/x}$	$\ln y = \ln a + \frac{b}{x}$ $a_0' = b$ $a_1' = \ln a$ $x' = \frac{1}{x}$ $y' = \ln y$	Abb. 36
$y = e^{ax^2 + bx}$	$\frac{\ln y}{x} = ax + b$ $a_0' = a$ $a_1' = b$ $x' = x$ $y' = \frac{\ln y}{x}$	Abb. 37

12.4 Quadratische Regression

Wenn es nicht sinnvoll ist, die Ausgleichsfunktion linear anzusehen, wie z.B. beim Zusammenhang zwischen gemessenen Wegen und Zeiten beim freien Fall, kann man meistens die Funktion als Polynom ansetzen. Wir betrachten nur den Spezialfall der quadratischen Regression:

Setzt man als Modell eine quadratische Funktion

$$y = a_0 + a_1 x + a_2 x^2$$

an, so erhält man aufgrund der Methode der kleinsten Quadrate durch partielle Differentation die Beziehungen:

$$\begin{aligned} a_0 n &+ a_1 \Sigma x_i + a_2 \Sigma x_i^2 = \Sigma y_i \\ a_0 \Sigma x_i &+ a_1 \Sigma x_i^2 + a_2 \Sigma x_i^3 = \Sigma x_i y_i \\ a_0 \Sigma x_i^2 &+ a_1 \Sigma x_i^3 + a_2 \Sigma x_i^4 = \Sigma x_i^2 y_i \end{aligned}$$

Dieses Gleichungssystem wird nach dem Gauß-Algorithmus gelöst.

Programm *Quadratische Regression*

Speicherbelegung:

M 00 := Σx_i	M 01 := x_i	M 02 := Σy_i	M 03 := y_i
M 04 := $\Sigma x_i y_i$	M 05 := Σx_i^2	M 06 := Σx_i^2	M 07 := Σx_i^4
M 08 := Σx_i^3	M 09 := Σx_i^3	M 10 := $\Sigma x_i^2 y_i$	M 11 Zählregister

Programmschritte:

Programm-speicherplatz	Befehl	Erläuterung
000	LBL A	Eingaberoutine
bis	CMs CLR	Speicherbereinigung
057	LBL A'	
	R/S Prt SUM 00	Eingabe: x_i; M 00 := Σx_i
	STO 01	M 01 := x_i
	X R/S Prt SUM 02	Eingabe: y_i; M 02 := Σy_i
	STO 03	M 03 := y_i
	= SUM 04	M 04 := $\Sigma x_i y_i$
	RCL 01 x^2 SUM 05	M 05 := Σx_i^2
	SUM 06	M 06 := Σx_i^2
	x^2 SUM 07	M 07 := Σx_i^4
	RCL 01 x^2 X RCL 01 = SUM 08	M 08 := Σx_i^3
	SUM 09	M 09 := Σx_i^3
	RCL 01 x^2 X	
	RCL 03 = SUM 10	M 10 := $\Sigma x_i^2 y_i$
	1 SUM 11	M 11 := $\Sigma i = n$
	Adv GTO A'	Ende der Eingaberoutine

Programmschritte: Fortsetzung

058 bis 206	LBL B RCL 00 INV Prd 05 INV Prd 08 INV Prd 04 RCL 06 INV Prd 09 INV Prd 07 INV Prd 10 RCL 11 INV Prd 00 INV Prd 02 INV Prd 06 RCL 04 − RCL 02 = STO 04 RCL 05 − RCL 00 = STO 05 RCL 06 − RCL 08 = STO 08 RCL 10 − RCL 02 = STO 01 RCL 09 − RCL 00 = STO 03 RCL 06 − RCL 07 = STO 00 RCL 01 : RCL 03 − RCL 04 : RCL 05 = : (RCL 08 : RCL 05 − RCL 00 : RCL 03) = STO 06	Berechnungsroutine
	Prt RCL 04 + RCL 06 X RCL 08 = : RCL 05 = STO 08	Ausgabe: a_2
	Prt X RCL 09 + RCL 06 X RCL 07 = +/− + RCL 10 = STO 07	Ausgabe: a_1
	Prt Adv	Ausgabe: a_0
	R/S	Ende der Berechnungsroutine

Programmbedienung:

(1) Programm in den Rechner eingeben.

(2) Programm mit [A] starten. Die Werte x_i und y_i nacheinander mit [R/S] eingeben.

(3) Wenn die Eingabe aller Werte beendet ist, dann Konstanten mit [B] berechnen.
Es werden ausgegeben: a_2, a_1, a_0.

Beispiel:

x-Werte	1	2	3	4	5	6	7	8	9	10
y-Werte	4	3	2	1,5	1	1	1	2	3,5	5

A

1. x_1
4. y_1

2. x_2
3. y_2

3. :
2. :

4.
1.5

5.
1.

6.
1.

7.
1.

8.
2.

9.
3.5

10. x_{10}
5. y_{10}

.1799242424 a_2
-1.9125 a_1
5.991666667 a_0

■

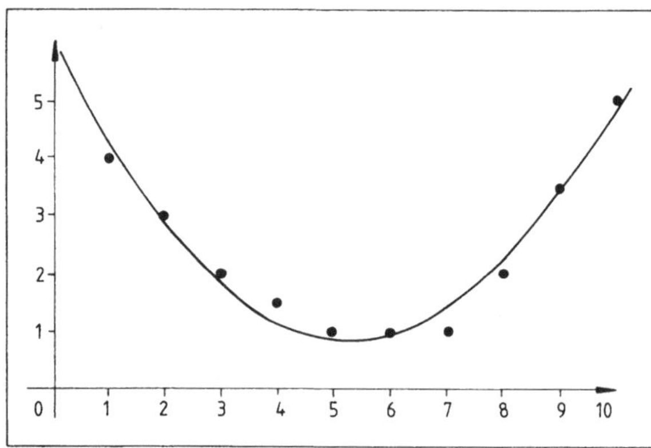

Abb. 38
Quadratische Regression

13 Korrelation

Im Bereich der Naturwissenschaften, der Technik und der Sozialwissenschaften tritt häufig das Problem auf, zwischen mehreren Größen Zusammenhänge aufzusuchen. Gilt es also zu prüfen, ob die Annahme eines bestimmten Zusammenhangs zwischen gewissen Merkmalen überhaupt gerechtfertigt ist, dann ist eine Korrelationsanalyse durchzuführen. Es sei aber festgestellt, daß mit Hilfe errechneter Korrelationen kein Nachweis über die Existenz von Kausalbeziehungen geführt werden kann. Korrelationen sind lediglich ein Maß für das Zusammenkommen zweier Variablen. Dieses aber kann von ganz verschiedenen Konstellationen herrühren, z.B. V_1 verursacht V_2, V_2 verursacht V_1, V_1 und V_2 sind von einer oder mehreren anderen Variablen abhängig usw.

13.1 Korrelation bei intervallskalierten Daten

13.1.1 Korrelationsbegriff

Der Korrelationskoeffizient r ist ein Maß für den Zusammenhang zwischen zwei Merkmalen X und Y im Sinne einer angenommenen Modellfunktion. Man setzt:

$$r = \sqrt{\frac{\text{Varianz der berechneten y-Werte}}{\text{Varianz der gegebenen y-Werte}}} = \sqrt{\frac{s_{\hat{y}}^2}{s_y^2}} .$$

Dabei gilt:

$$s_{\hat{y}}^2 = \frac{\Sigma\,(\hat{y} - \bar{y})^2}{n-1} \qquad \hat{y} \text{ berechnete y-Werte}$$

$$s_y^2 = \frac{\Sigma\,(y - \bar{y})^2}{n-1} \qquad y \text{ gegebene y-Werte}$$

Es gilt: $0 \leqslant r \leqslant 1$.

Ist $r = 1$, dann ist die Korrelation vollkommen, d.h. die angenommene Funktion kann exakt den gegebenen n Punkten angepaßt werden. Ist dagegen $r = 0$, so kann ein Zusammenhang der x- und y-Werte im Sinne der Modellfunktion aus dem gegebenen Datenmaterial nicht nachgewiesen werden. Die Korrelation ist daher umso besser, je näher r bei dem Wert 1 liegt.

Vermutet man für eine Reihe von Punkten einen linearen Zusammenhang zwischen x und y, dann kann aus einem r-Wert nahe Null nur geschlossen werden, daß kein linearer Zusammenhang zwischen x und y besteht. Dies heißt aber nicht, daß es mit Sicherheit gar keine Beziehung zwischen x und y gibt. Vielmehr kann nach anderen Funktionstypen durchaus eine starke Korrelation bestehen.

Beispiel: Die Punkte liegen auf einer quadratischen Parabel. Berechnet man für die in Abb. 39 dargestellten Punkte den Korrelationskoeffizienten für das Geradenmodell und das Parabelmodell, dann erhält man: $r_{\text{Gerade}} = 0$ und $r_{\text{Parabel}} = 1$.

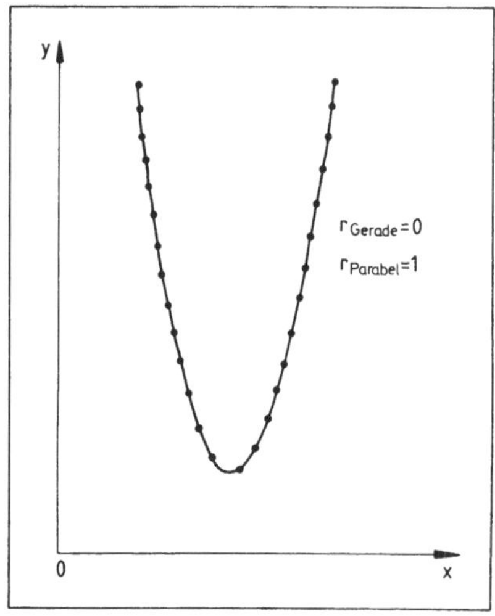

Abb. 39
Korrelationskoeffizient und Modellfunktion ■

Selbst wenn eine Korrelation $r \approx 1$ nachgewiesen werden kann, ist damit noch nicht gesagt, daß auch ein kausaler Zusammenhang zwischen x und y im Sinne der Modellfunktion besteht (Ursache-Wirkung-Beziehung). Man muß vielmehr die Möglichkeit einer Scheinkorrelation berücksichtigen. Wenn ein mathematischer Zusammenhang in der angenommenen Form zwischen x und y nachgewiesen werden kann, bedeutet dies noch nicht, daß dieser Zusammenhang auch theoretisch gesichert ist.

Beispiel: Im Jahre 1982 wurde in einem Dorf in Schleswig-Holstein eine Zunahme sowohl der Störche als auch der Geburten beobachtet. Hier ist die Korrelation rein mathematischer Natur; ein echter Zusammenhang besteht natürlich nicht. ■

13.1.2 Produkt-Moment-Korrelation

Für eine Regressionsgerade

$$\hat{y} = a_1 x + a_0$$

gilt speziell:

$$r = \sqrt{\frac{a_0 \Sigma y + a_1 \Sigma yx - \frac{1}{n} (\Sigma y)^2}{\Sigma y^2 - \frac{1}{n} (\Sigma y)^2}} .$$

Setzt man die berechneten Werte für a_0 und a_1 ein, so erhält man für die lineare Korrelation:

$$r = \frac{\Sigma yx - \frac{1}{n} \Sigma x \Sigma y}{\sqrt{[\Sigma x^2 - \frac{1}{n} (\Sigma x)^2] [\Sigma y^2 - \frac{1}{n} (\Sigma y)^2]}} .$$

Dieser Ausdruck für r liefert einen vorzeichengerechten Korrelationskoeffizienten (Produkt-Moment-Korrelation), je nachdem ob es sich um eine positive Korrelation oder um eine negative Korrelation handelt.

Positive Korrelation: $0 \leqslant r \leqslant +1$ — Die Ausgleichsgerade hat eine positive Steigung, d.h. y nimmt mit steigendem x zu.

Negative Korrelation: $-1 \leqslant r \leqslant 0$ — Die Ausgleichsgerade hat eine negative Steigung, d.h. y nimmt mit steigendem x ab.

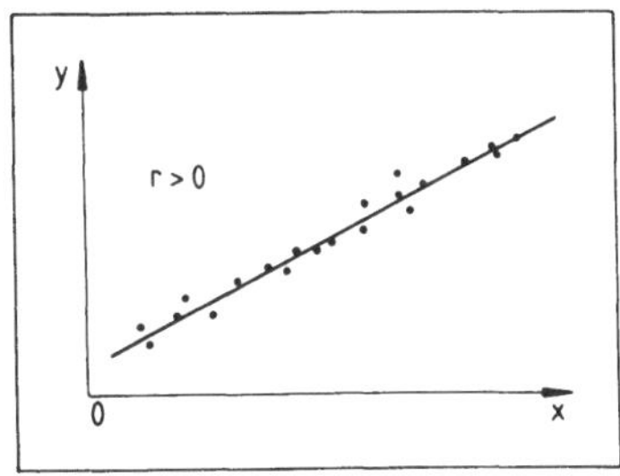

Abb. 40 Positive Korrelation

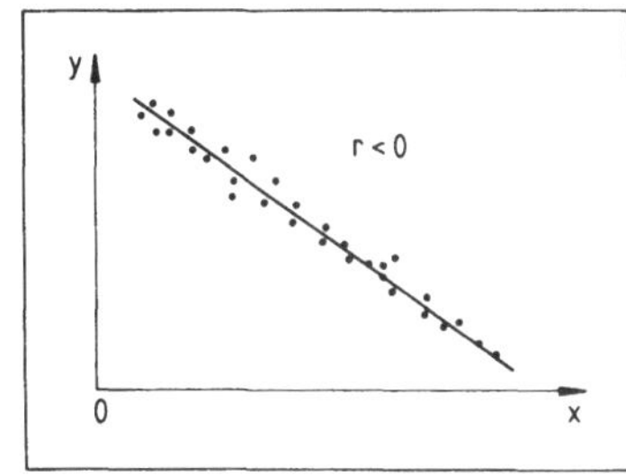

Abb. 41 Negative Korrelation

Programm *Produkt-Moment-Korrelationskoeffizient für Einzeldaten*

Speicherbelegung:

M 00 Zwischenspeicher	M 01 $:= \Sigma\, y_i$	M 02 $:= \Sigma\, y_i^2$
M 03 $:= \Sigma\, f_i = n$	M 04 $:= \Sigma\, x_i$	M 05 $:= \Sigma\, y_i^2$
M 06 $:= \Sigma\, x_i\, y_i$	M 07 und M 08 Zwischenspeicher	

Programmschritte:

Programm-speicherplatz	Befehl	Erläuterung
000 bis 005	LBL E Adv CMs CLR INV SBR	Startroutine Löschen der Register
006 bis 043	LBL A SBR E LBL A' R/S Prt STO 00 SUM 04 x^2 SUM 05 1 SUM 03 R/S STO 07 SUM 01 X RCL 00 = SUM 06 RCL 07 Prt x^2 SUM 02 Adv GTO A'	Eingaberoutine Aufruf der Startroutine Eingabe: x_i; M 04 $:= \Sigma\, x_i$ M 05 $:= \Sigma\, x_i^2$ M 03 := M 03 + 1 Eingabe: y_i M 01 $:= \Sigma\, y_i$ M 06 $:= \Sigma\, x_i\, y_i$ M 02 $:= \Sigma\, y_i^2$

Programmschritte: Fortsetzung

044 bis 089	LBL B RCL 03 X RCL 06 – RCL 04 X RCL 01 = : (RCL 03 X RCL 05 – RCL 04 x^2) $\sqrt{x}$: (RCL 03 X RCL 02 – RCL 01 x^2) $\sqrt{x}$ = Adv Prt Adv GTO A	Berechnung des Korrelationskoeffizienten Ausgabe: r

Anmerkung: Das Programm benutzt nicht die speziellen Statistikfunktionen des TI 58/59, um eine Übertragbarkeit auf andere Rechner zu gewährleisten.

Programmbedienung:

(1) Programm in den Rechner eingeben.

(2) Programm mit [A] starten. Datenpaare nacheinander jeweils mit [R/S] eingeben.

(3) Taste [B] betätigen. Ausgegeben wird der Korrelationskoeffizient r.

Beispiel: Die Wirkung eines Vitamin-Präparates auf das Wachstum eines bestimmten Bazillus-Typs soll näher untersucht werden. Es besteht die Annahme, daß das Wachstum direkt proportional der Menge des Vitamins ist.

Vitamin in pg	Wachstum in mg
0	0,85
5	2,51
10	2,07
15	2,38
20	3,41
25	3,03

Die Korrelation ist mit r ≈ 0,84 recht hoch.

```
A        0.  x1
      0.85   y1

        5.   x2
      2.51   y2
             usw.
       10.
      2.07

       15.
      2.38

       20.
      3.41

       25.
      3.03


B  .8378902357  r
```

■

Programm *Produkt-Moment-Korrelationskoeffizient für klassierte Daten*

Speicherbelegung:

M 00 Zwischenspeicher	M 01 := $\Sigma\, y_i$	M 02 := $\Sigma\, y_i^2$
M 03 := $\Sigma\, f_i = n$	M 04 := $\Sigma\, x_i\, f_i$	M 05 := $\Sigma\, x_i^2\, f_i$
M 06 := $\Sigma\, x_i\, y_i$	M 07 und M 08 Zwischenspeicher	

Programmschritte:

Programm-speicherplatz	Befehl	Erläuterung
000 bis 005	LBL E Adv CMs CLR INV SBR	Startroutine Löschen aller Register
006 bis 078	LBL A SBR E LBL A' R/S Prt STO 08 SUM 03 R/S STO 00 X RCL 08 = SUM 04 RCL 00 Prt x^2 X RCL 08 = SUM 05 R/S Prt STO 07 X RCL 08 = SUM 01 RCL 07 x^2 X RCL 08 = SUM 02 RCL 07 X RCL 00 = X RCL 08 = SUM 06 RCL 00 − RCL 07 = STO 00 Adv GTO A'	Eingaberoutine Aufruf der Startroutine Eingabeschleife Eingabc: f_i; M 08 := t_i; M 03 := $\Sigma\, f_i$ Eingabe: x_i; M 00 := x_i; M 04 := $\Sigma\, f_i\, x_i$ M 05 := $\Sigma\, x_i^2\, f_i$ Eingabe: y_i; M 07 := y_i; M 01 := $\Sigma\, f_i\, y_i$ M 02 := $\Sigma\, f_i\, y_i^2$ M 06 := $\Sigma\, f_i\, x_i\, y_i$ M 00 := $d = x_i - y_i$ Ende der Eingabeschleife
079 bis 124	LBL B RCL 03 X RCL 06 − RCL 04 X RCL 01 = : (RCL 03 X RCL 05 − RCL 04 x^2) $\sqrt{x}$: (RCL 03 X RCL 02 − RCL 01 x^2) $\sqrt{x}$ = Adv Prt Adv GTO A	Berechnung des Korrelationskoeffizienten Ausgabe: r

Programmbedienung:

(1) Programm in den Rechner eingeben.

(2) Programm mit [A] starten. Nacheinander f_i, x_i, y_i eingeben.

(3) Berechnung von r durch Taste [B] starten.

Beispiel:

```
A  3.  f1          2.  f3          2.
   2.  x1          3.  x3          4.
   2.  y1          2.  y3          3.
                       usw.
   3.  f2          5.              3.  f6
   2.  x2          3.              5.  x6
   3.  y2          4.              4.  y6

                          B  .5511988976  r
```

■

Um die Signifikanz von Korrelationskoeffizienten zu prüfen, kann man bilden:

kleine Stichproben ($n < 50$) $t = \frac{r}{\sqrt{1-r^2}}\sqrt{n-2}$ mit $f = n - 2$

große Stichproben ($n > 50$) $u = r\sqrt{n-1}$

Diese Prüfgrößen werden dann wie bei den entsprechenden Tests mit den kritischen Werten verglichen.

13.2 Korrelation bei rangskalierten Daten (Spearman-Rangkoeffizient)

Wenn man bei Rangskalen Beziehungen zwischen zwei Merkmalen untersuchen will, so kann dies durch Vergleich der Rangplätze miteinander geschehen. Die Berechnung des Rangkorrelationskoeffizienten nach Spearman erfolgt über:

$$r_{Sp} = 1 - \frac{6\,\Sigma\,(n_i' - n_i'')^2}{(n-1)\,n\,(n+1)} = 1 - \frac{6\,\Sigma\,d_i^2}{(n-1)\,n\,(n+1)}$$

n_i' Rangplatz des ersten Merkmals

n_i'' Rangplatz des zweiten Merkmals

$d_i = n_i' - n_i''$

Bei großen normalverteilten Stichproben besteht eine gute Übereinstimmung zwischen der Produkt-Moment-Korrelation und dem Spearman-Rangkoeffizient. Für kleine n ist aber r_{Sp} nicht brauchbar.

Anmerkung: Sind Rangplätze doppelt belegt, dann müssen durch eine Durchschnittsbildung die Rangplätze ermittelt werden, oder es muß eine korrigierte Formel

$$r_{Sp} = 1 - \frac{6\,\Sigma\,(n_i' - n_i'')^2}{(n-1)\,n\,(n+1) - (T' + T'')}$$

$T' = \frac{1}{2}\,\Sigma\,(t_i'^3 - t_i')$

$T = \frac{1}{2}\,\Sigma\,(t_i''^3 - t_i'')$

t_i' Häufigkeit für Mehrfachbelegung in der 1. Rangreihe

t_i'' Häufigkeit für Mehrfachbelegung in der 2. Rangreihe

angewendet werden.

Programm *Spearman-Rangkorrelation*

Speicherbelegung:

M 00 Indexregister M 01 := $\Sigma\,d_i^2$ M 02 := $\Sigma\,d_i$

Programmschritte:

Programm-speicherplatz	Befehl	Erläuterung
000 bis 022	LBL A CP CMs CLR LBL A' Adv R/S Prt – R/S Prt = SUM 02 x^2 SUM 01 Op 20 GTO A'	Startroutine Löschen der Register und der Anzeige Eingabe: x_i Eingabe: y_i M 02 := Σ d M 01 := Σd^2 M 00 := M 00 + 1
023 bis 046	LBL B RCL 00 X (x^2 – 1) : 6 : RCL 01 = 1/x – 1 = +/– Prt Adv R/S	Berechnung des Rangkorrelationskoeffizienten Ausgabe: r_{Sp}

Programmbedienung:

(1) Programm in den Rechner eingeben.
(2) Programm mit [A] starten und zusammengehörige Rangplätze nacheinander eingeben.
(3) Berechnung von r_{Sp} mit Taste [B] starten.

Beispiel: Von zehn Schülern wurden die Rangplätze am Ende des 4. und am Ende des 6. Schuljahres aufgrund der Zeugnisnoten festgestellt:

Rangplatz 4. Schuljahr	5	1	6	4	10	7	2	9	3	8
Rangplatz 6. Schuljahr	6	2	4	3	7	8	1	10	5	9

```
A  5.  n'_i         10.          3.
   6.  n''_i         7.          5.

   1.                7.          8.
   2.                8.          9.

   6.                2.      B  .8545454545   r
   4.                1.

   4.                9.
   3.               10.
```

■

Die Prüfung auf Signifikanz erfolgt ganz entsprechend wie bei der Produkt-Moment-Korrelation.

13.3 Korrelation bei nominalskalierten Daten (Φ-Koeffizient)

Beziehungen zwischen nominalskalierten Daten lassen sich in Vierfelder- oder Mehrfeldertafeln darstellen. Wir betrachten hier nur Vierfeldertafeln.

		Merkmal X: Ausprägung A	Merkmal X: Ausprägung B	
Merkmal Y	Ausprägung A	a	b	a + b
	Ausprägung B	c	d	c + d
		a + c	b + d	

Der aussagekräftigste Korrelationskoeffizient für nominalskalierte Daten ist der Φ-Koeffizient. Es gilt:

$$\Phi = \frac{|bc - ad|}{\sqrt{(a+b)(c+d)(a+c)(b+d)}} \, .$$

Anmerkung: Da

$$\chi^2 = \frac{(bc - ad)^2 \cdot n}{(a+b)(c+d)(a+c)(b+d)}$$

gilt auch

$$\Phi = \sqrt{\frac{\chi^2}{n}} \, .$$

Diese Formel ist auf andere Tafeln übertragbar.

Da der so definierte Φ-Koeffizient nicht immer alle Werte zwischen 0 und 1 annehmen kann, berechnet man einen Φ^*-Koeffizienten nach:

$$\Phi^* = \frac{bc - ad}{(b+d)(a+b)} \, ,$$

wobei $a + b \leqslant c + d$ und $b + d \leqslant a + c$ sein muß. Diese Bedingung kann man stets erfüllen, wenn man die Vierfeldertafel so ordnet, daß als Ausprägung A von Y und entsprechend als Ausprägung B von X jeweils die mit der geringeren Häufigkeit genommen wird.

Die Programmierung des Φ-Koeffizienten bzw. des Φ^*-Koeffizienten erfolgt entsprechend wie beim Vierfelder-Chi-Quadrat-Test.

Beispiel: Eine Stichprobe von 100 Personen ergab:

	Männer	Frauen	
Ungelernte	16	25	41
Gelernte	41	18	59
	57	43	100

Es ergeben sich:

$$\Phi = \frac{|25 \cdot 41 - 16 \cdot 18|}{\sqrt{41 \cdot 59 \cdot 57 \cdot 43}} \approx \frac{737}{2435} \approx 0{,}303$$

$$\Phi^* = \frac{25 \cdot 41 - 16 \cdot 18}{43 \cdot 41} = \frac{737}{1763} \approx 0{,}418$$

Die Korrelation zwischen Geschlecht und der Tendenz, als Gelernter/Ungelernter zu arbeiten, ist mittelschwach. Die Berechnung von Chi-Quadrat (= $\Phi^2 \cdot n \approx 9{,}2$) zeigt, daß diese Aussage signifikant ist. ■

14 Anhang

14.1 Kombinatorik

14.1.1 Permutation und Fakultät

Die Funktion n! (gelesen: n Fakultät) spielt in der Wahrscheinlichkeitsrechnung eine wichtige Rolle. Es gilt: n! ist das Produkt aller natürlichen Zahlen von 1 bis n:

$$n! = 1 \cdot 2 \cdot 3 \cdot 4 \cdot \ldots \cdot n\,.$$

Es ist daher:

$$1! = 1; \quad 2! = 2; \quad 3! = 6; \quad 4! = 24; \quad 5! = 120; \quad 10! = 3628800\,.$$

Außerdem setzt man fest: $0! = 1$.

Grundlage der statistischen Anwendung ist der Satz: Die Anzahl P(n) der möglichen Anordnungen (Permutationen) von n verschiedenen Elementen ist n!

Beispiel: Die 4 Buchstaben a, b, c, d können auf $4! = 1 \cdot 2 \cdot 3 \cdot 4 = 24$ Arten angeordnet werden. ■

Bei der statistischen Datenauswertung tritt n! bei Verteilungsfunktionen und ihren Integralen, beispielsweise bei Poisson-Verteilung, Binomialverteilung, Chi-Quadrat-Verteilung, F- und t-Verteilung auf.

Berechnung von n! für $n \leqslant 69$. Auf einem Taschen- bzw. Tischrechner mit einem Kapazitätsbereich bis 10^{+99} darf n nicht größer als 69 sein, denn

$$69! = 1{,}7112 \cdot 10^{98}\,.$$

Bei größeren n-Werten wird die Kapazität des Geräts überschritten, und es erfolgt eine Fehlermeldung.

Für den Fall $n \leqslant 69$ besitzen zahlreiche technisch-wissenschaftliche Geräte die Funktion n! in festverdrahteter Form. Wo dies nicht zutrifft, kann n! mit Hilfe des folgenden Programms berechnet werden.

Programm *Fakultät für* $n \leqslant 69$

Speicherbelegung:

M 00 := n M 01 Produktregister

Programmschritte:

Programm-speicherplatz	Befehl	Erläuterung
000 bis 008	LBL E R/S Prt STO 00 1 STO 01	 Eingabe: n M 00 := n M 01 Produktregister
009 bis 021	LBL Prd RCL 00 Prd 01 Dsz 0 Prd RCL 01 Prt INV SBR	Berechnungsschleife n X M 01 M 00 := M 00 − 1, wenn M 00 = 0, zurück zu Prd Ausgabe: n!

Programmbedienung:

(1) Programm in den Rechner eingeben.

(2) Programm mit [E] starten. n eingeben.

Beispiel:

E 8. n
40320. n! ■

Berechnung von n! für n > 69. Für große Werte von n gilt näherungsweise die Stirling-Näherungsformel:

$$n! \approx n^n \cdot e^{-n} \cdot \sqrt{2 \cdot \pi \cdot n}\,.$$

Durch Logarithmieren erhält man:

$$\log(n!) = Z = \frac{n \ln n - n + \frac{1}{2} \ln n + \frac{1}{2} \ln 2\pi}{\ln 10}\,.$$

Daraus folgt:

$$n! = 10^Z = k \cdot 10^{Z^*} \quad \text{mit} \quad Z^* = \text{Int}\, Z \quad \text{und} \quad k = 10^{\text{INV Int}\, Z}\,.$$

14.1.2 Binomialkoeffizient

Für Binomialkoeffizienten $\binom{n}{k}$, gelesen: „n über k'', gilt:

$$n > k \quad \binom{n}{k} = \frac{n!}{k!\,(n-k)!} \qquad \binom{n}{n} = 1$$

$$\binom{n}{0} = 1$$

$$n = k \quad \binom{n}{k} = 1 \qquad \binom{n}{1} = n$$

$$n < k \quad \binom{n}{k} = 0 \qquad \binom{0}{0} = 1$$

Grundlage der statistischen Anwendungen ist der Satz:

Die Anzahl K(n) der möglichen Klassen von k verschiedenen Elementen aus einer Gesamtzahl von n Elementen ist $\binom{n}{k}$.

Beispiel: Beim Lottospiel ist die Anzahl der verschiedenen Möglichkeiten, aus 49 Zahlen 6 verschiedene Zahlen zu ziehen

$$\binom{49}{6} = 13\,983\,816$$ ■

Ist $n > 69$, so führt die Berechnung von $\binom{n}{k}$ nach der Definition zu einer Fehlermeldung, da beim Berechnen von n! die Kapazität des Geräts überschritten wird. Es gibt aber Fälle, in denen n zwar größer als 69 ist, der Ausdruck $\binom{n}{k}$ selbst aber die Kapazität von 10^{+99} noch nicht überschreitet. In diesem Fall muß $\binom{n}{k}$ auf andere Weise errechnet werden:

$$\binom{n}{k} = \frac{n(n-1)(n-2)(n-3)\ldots(n-k-1)}{k(k-1)(k-2)(k-3)\ldots 1} = \prod_{i=1}^{k} \frac{(n-k)+i}{i}.$$

Mit Hilfe dieser Formel können auch Ausdrücke wie $\binom{500}{450}$ oder $\binom{1000}{30}$ berechnet werden. Allerdings muß man relativ lange Rechenzeiten in Kauf nehmen.

Programm *Binomialkoeffizient*

Speicherbelegung:

M 01 := n M 02 := k M 03 := n − k M 04 := i M 05 := $\binom{n}{k}$

Programmschritte:

Programm-speicherplatz	Befehl	Erläuterung
000 bis 022	LBL A R/S Prt STO 01 R/S Prt STO 02 RCL 01 − RCL 02 = STO 03 1 STO 04 STO 05	 Eingabe: n n → M 01 Eingabe: k k → M 02 } n − k (n − k) → M 03 i = 1 → M 04 P = 1
023 bis 051	LBL Prd RCL 03 + RCL 04 = : RCL 04 = Prd 05 1 SUM 04 RCL 02 − RCL 04 = x ≥ t Prd RCL 05 Prt Adv INV SBR	} $\frac{(n-k)+i}{i}$ P: = P $\frac{(n-k)+i}{i}$ i: = i + 1 } Prüfung, ob die Bedingung i ≤ k ((i − k) ≤ 0) erfüllt ist. Wenn ja, Sprung zurück zu LBL Prd. Sonst weiter. Ausgabe: $\binom{n}{k}$

Programmbedienung:

(1) Programm in den Rechner eingeben.

(2) Programm mit [A] starten.

(3) Erst n, dann k eingeben.

Beispiele:

A 6. n
3. k
20. $\binom{n}{k}$

500. n
450. k
2.3144228 69 $\binom{n}{k}$

[Rechenzeit ca. 9 min] ■

10. n
2. k
45. $\binom{n}{k}$

14.2 Skalierungsverfahren

Oft können Merkmalsausprägungen nur anhand irgendwelcher Kategorien einer Schätzung unterzogen werden. Es ergibt sich dann das Problem, die Schätzurteile so zu quantifizieren, daß eine statistische Weiterverarbeitung möglich ist.

14.2.1 Erstellung von Intervallskalen

Rating. Beim Rating werden den zu untersuchenden Objekten oder Beziehungen durch eine ausgewählte Gruppe von Personen unmittelbar Zahlenwerte zugeordnet.

Um den Übereinstimmungsgrad der Beurteiler abschätzen zu können, bestimmt man die Prüfgröße

$$\ddot{U} = 1 - \frac{\dfrac{\sum\limits_{j=1}^{N}\left[\dfrac{\sum\limits_{i=1}^{k} x_i^2}{k} - \left(\dfrac{\sum\limits_{i=1}^{k} x_i}{k}\right)^2\right]}{k-1}}{\sum\limits_{j=1}^{N}\left(\dfrac{\sum\limits_{i=1}^{k} x_i}{k}\right)^2 - \dfrac{1}{N}\sum\limits_{j=1}^{N}\left[\left(\dfrac{\sum\limits_{i=1}^{N} x_i}{k}\right)\right]^2}$$

k = Zahl der Beurteiler (Experten),
N = Zahl der Objekte.

Der Übereinstimmungsgrad kann maximal 1 und minimal 0 sein.

Anmerkung: Ein geringer Übereinstimmungsgrad kann ein Anzeichen für geringe Urteilskraft der ausgewählten Beurteiler sein; es kann sich aber auch um Objekte handeln, die schwierig zu beurteilen sind.

Guttmann-Skala. Eine Skalierung nach Guttmann wird vorgenommen, wenn die Daten schon ordinalskaliert sind. Den zu vergleichenden geordneten Objekten, Beziehungen usw. werden die Häufigkeiten f ihrer Nennungen zugeordnet. Aus den relativen Häufigkeiten h_i und den kumulierten relativen Häufigkeiten h_{ci} werden dann die Ränge nach

$$r_i = h_{ci} - \frac{h_i}{2}$$

berechnet, die als Skalenwerte benutzt werden können.

Likert-Skala. Unter der Voraussetzung, daß die Werte näherungsweise normalverteilt sind, kann eine Likert-Skala erstellt werden. Diese überträgt Häufigkeiten in z-Werte der Standardnormalverteilung.

Die Häufigkeiten der verschiedenen Urteile werden wie bei der Guttmann-Skala in Ränge r_i umgewandelt. Die Werte, die man hieraus erhält, indem man 0,50 subtrahiert, werden als Flächen der Standardnormalverteilung betrachtet und die zugehörigen z-Werte bestimmt (Programm *Schranken der Normalverteilung*).

14.2.2 Erstellung von Rangskalen

Rangsummenverfahren. Es werden k Versuchspersonen gebeten, eine Anzahl N von Objekten bzw. Beziehungen in eine Rangfolge zu bringen; verbundene Ränge, also das mehrfache Vergeben desselben Ranges, sind verboten. Die Ränge, die jedes Objekt erhalten hat, werden aufaddiert. Diese Rangsummen bilden die Grundlage für die Erstellung einer Rangskala.

Um ein Maß der erreichten Übereinstimmung zu erhalten, wird ein mittlerer Rangkorrelationskoeffizient berechnet:

$$\bar{\bar{R}} = i - \frac{k\,(4\,N + 2)}{(k-1)\,(N-1)} + \frac{12 \sum_{i=1}^{N} \left(\sum_{i=1} R\right)^2}{k\,(k-1)\,N\,(N^2-1)} .$$

Dabei ist k = Anzahl der Beurteiler, N = Anzahl der beurteilten Objekte.

Für $\bar{\bar{R}} = 1$ liegt die beste Übereinstimmung vor.

Rangskala durch Paarvergleich. Bei der Erstellung einer Rangskala durch Paarvergleich werden die Beurteiler zu jedem möglichen Paar von Objekten befragt, welches sie höher einstufen, d.h. welches dominiert.

Anmerkung: Auf diese Weise kann man insbesondere Widersprüche im Beurteilerverhalten herausfinden.

In die Kopfzeile und in die Randspalte der Dominanz-Matrix werden die zu beurteilenden Objekte eingetragen. Bei Dominanz des ersten Objekts wird eine 1, bei Dominanz des zweiten Objekts eine 0 in das betreffende Feld der Matrix geschrieben.

Anschließend werden die Spalten aufaddiert und die Konsistenz nach folgender Formel berechnet:

$$K = \frac{2n\,(n-1) \cdot (2n-1) - 12 \sum_{i=1}^{n} (Sp\,\Sigma)^2}{n \cdot (n^2-4)}, \quad \text{falls n gerade;}$$

$$K = \frac{2n\,(n-1)\,(2n-1) - 12 \sum_{i=1}^{n} (Sp\,\Sigma)^2}{n \cdot (n^2-1)}, \quad \text{falls n ungerade (n = Zahl der Objekte)}$$

Wenn die Anzahl der Objekte genügend groß ($n > 7$) ist, dann kann ein Chi-Quadrat-Test durchgeführt werden mit

$$\chi^2 = \left(\frac{8}{n-4}\right)\left[\frac{n!}{24\cdot(n-3)!} - \frac{n\cdot(n-1)\cdot(2n-1)}{12} + \frac{1}{2}\sum_{i=1}^{n}(\mathrm{Sp}\,\Sigma)^2 + \frac{1}{2}\right] + \frac{n\cdot(n-1)\cdot(n-2)}{(n-4)^2}$$

und $f = \dfrac{n\cdot(n-1)\cdot(n-2)}{(n-4)^2}$.

Wenn die Konsistenz hinreichend groß und nach dem Chi-Quadrat-Test signifikant ist, dann wird die Rangordnung der Objekte dadurch hergestellt, daß man sie nach ihren Spaltensummen ordnet.

14.3 Taschenrechner

14.3.1 Tastensymbole TI 58/59

A, B, C, D, E A', B', C', D', E'	frei adressierbare, d.h. vom Tastenfeld abrufbare Programmarkierungen
Adv	(advance): bei angeschlossenem Drucker: 1 Leerzeile = Papiervorschub
BST	(back-step): Einzelschritt zurück
CE	(clear entry): 1. stellt Blinken bei Fehlerbedingung ab. 2. Platzhalter bei Klammeroperationen (z.B.: statt RCL 01 – (RCL 01 + 1) kürzer: RCL 01 – (CE + 2).
CLR	(clear): löscht das X-Register (Anzeige).
CMs	(clear memories): löscht alle Datenregister.
cos	Cosinus
CP	(clear program): löscht das T-Register.
Deg	(degree): Umschaltung in den Winkelmodus
Del	(delete): Löschen eines Befehls im Programm.
D.MS	Umrechnung von Grad-Minuten-Sekunden in Dezimalgrad.
Dsz n*	(decrement and skip if zero): Schleifenkontrolltaste: 1. n ($0 \leq n \leq 9$) wird pro Durchlauf um 1 vermindert, 2. Sprung zur Adresse "*", wenn $n \neq 0$, 3. Überspringen der Adresse, wenn $n = 0$.
EE	(enter exponent): Umschaltung des Rechners auf Gleitkommamodus.
INV EE	Aufhebung des Gleitkommamodus.
EE INV EE	nicht angezeigte Stellen werden eliminiert, wichtig für das Runden in Verbindung mit der Fixkomma-Taste.
Eng	technisches Anzeigeformat
Exc nn	(exchange): Die Inhalte des Anzeige-Registers (X-Reg) und eines beliebigen Datenregisters nn ($0 \leq nn \leq 99$) werden ausgetauscht.
Fix n	Fixkomma: Begrenzung der Stellen nach dem Komma in der Anzeige auf $0 \leq n \leq 9$.
INV Fix	Aufhebung der Festkomma-Einstellung.

flg n	(flag): Ein „Flag" ist eine Boolesche Variable, die vom Programm gesetzt wird ($0 \leqslant n \leqslant 9$). Während des Programmes entscheidet der Rechner durch den if flg-Test, wie zu verfahren ist.
GTO n	(go to): unbedingte Verzweigung. Sprung zur Markierung „n" und Ausführung des Programmteils bis zum nächsten R/S bzw. INV SBR.
if flg n*	(if flag): Wenn Flag n ($0 \leqslant n \leqslant 9$) gesetzt ist, erfolgt ein Sprung zum angegebenen Label "*".
Ind	(indirect): indirekte Adressierung; wird benutzt in Verbindung mit STO, RCL, SUM, EXC. „STO Ind nn" bedeutet: der Anzeigewert soll in das Register abgespeichert werden, dessen Adresse im angegebenen Register nn steht.
Ins	(insert): Einfügen eines Befehls im Programm.
Int	(integer): löscht den Dezimalbruchteil des Anzeigewertes.
INV Int	(inverse integer): löscht den ganzzahligen Wert der Anzeige.
LBL n	(label): Programmarkierungspunkt als Adresse für bedingte oder unbedingte Verzweigungen, Unterprogramme oder für den Aufruf über die Tastatur. Als Bezeichnung für Labels können (fast) beliebig wählbare Tastenbezeichnungen dienen, neben den „frei adressierbaren" Tasten, A, B, C, D, E, A', B', C', D', E', auch solche wie z.B. cos, π, EE, Fix, $\sqrt{x}$ usw. Labels erhöhen den Programmierkomfort, sind aber nicht notwendig: durch die Angabe des Programmschnitts kann man das gleiche erreichen (z.B. durch „GTO 027")
List	Auflisten des Programms.
INV List	Auflisten der Datenregister.
ln x	berechnet den natürlichen Logarithmus des Anzeigewertes.
INV ln x	(e^x): berechnet den Numerus des natürlichen Logarithmus.
log	($\log_{10} x$): berechnet den Zehnerlogarithmus des Anzeigewerts.
INV log	(10^x): berechnet den Numerus des Zehnerlogarithmus.
NOP	Null-Operation. Löscht im Learn-Modus einen Befehl, hält im Programm Intervall für spätere Ergänzungen frei.
Op 07	(operation): spezielle Steueroperation zum Aufzeichnen (Plotten) von Daten.
Op 12	berechnet Konstante (a_0) und Steigung (a_1) der Regressionsgeraden.
Op 13	berechnet den Korrelationskoeffizienten.
Op nn (20–29)	erhöht den Inhalt von Register nn ($0 \leqslant nn \leqslant 9$) um 1.
Op nn (30–31)	vermindert den Inhalt von Register nn ($0 \leqslant nn \leqslant 9$) um 1.
Pause	Anzeige bleibt einige Sekunden.
Pgm n	(program): Aufruf eines Labels n in dem Hardware-Programm Nr. 02 aus dem Steckmodul des TI-58/59.
P → R	Umrechnung von Polarkoordinaten in rechtwinklige Koordinaten.
Prd nn	(product): der Wert der Anzeige wird mit dem Inhalt des Datenregisters nn multipliziert. Die Anzeige bleibt erhalten.
INV Prd nn	(inverse product): der Inhalt des Datenregisters nn wird durch den Wert der Anzeige dividiert. Die Anzeige bleibt erhalten.
Prt	(print): der angezeigte Wert wird auf dem angeschlossenen Drucker ausgedruckt.
Rad	(radiant): Umschaltung in den Winkelmodus „Bogenmaß".
RCL nn	(recall): der Inhalt des Datenregisters nn wird in die Anzeige übertragen, der Inhalt des Registers bleibt erhalten.

R/S	(run/stop): Stop im Programmablauf.
RST	(reset): Rücksprung an den Anfang des Programms (000), löscht alle Flags und das Unterprogrammrücksprung-Register.
SBR n	(subroutine) Unterprogramm-Aufruf im Programm: Sprung zum Label n bzw. zu Schritt nnn; Ausführung des Unterprogrammes bis zu seinem Ende (INV SBR) und Rücksprung ins aufrufende Programm.
INV SBR	(inverse subroutine = RTN return): markiert das Ende eines als Unterprogramm aufrufbaren Programmteiles; wenn nicht als Subroutine gebraucht, wirkt der Befehl wie ein R/S.
$\Sigma +$	statistische Summierung
sin	Sinus
St flg n	(set flag): Flag n $(0 \leqslant n \leqslant 9)$ wird gesetzt.
INV St flg n	Flag n wird rückgängig gemacht.
St flg 8	(set flag): wenn Flag 8 (ein spezielles Signal) gesetzt ist, hält das Programm bei einer Fehlerbedingung an.
STO nn	(store): der Anzeigewert wird im Datenregister nn abgespeichert, die Anzeige bleibt erhalten.
SUM nn	(sum): der Wert der Anzeige wird zum Inhalt des Datenregisters nn addiert. Die Anzeige bleibt erhalten.
INV SUM nn	(inverse sum): der Wert der Anzeige wird vom Inhalt des Datenregisters nn subtrahiert. Die Anzeige bleibt erhalten.
tan	Tangens
Write	Aufschreiben auf Magnetkarte.
INV Write	Lesen von Magnetkarte.
$\lvert x \rvert$	Absolutwert der Anzeige.
$\bar{x}$	berechnet das arithmetische Mittel für x und y: $\bar{x}$ steht im T-Register, $\bar{y}$ im X-Register.
INV $\bar{x}$	berechnet die Standardabweichungen für x und y: s_x steht im T-Register, s_y im X-Register.
x^2	Berechnung der Quadratzahl des Anzeigewertes.
$\sqrt{x}$	Berechnung der Quadratwurzel des Anzeigewertes.
1/x	Reziprokwert der Anzeige.
x = t	Der Wert der Anzeige (X-Register) wird gegen den Wert des T-Registers ausgetauscht.
x = t n x = t nn	Ist der Wert des X-Registers gleich dem Wert des T-Registers? Wenn ja, Sprung zum Label n bzw. zu Programmschritt nnn.
INV x = t n INV x = t nnn	$(x \neq t)$: Ist der Wert des X-Registers größer oder auch kleiner als der Wert des T-Registers? Wenn ja, Sprung zum Label n bzw. zu Schritt nnn.
$x \geqslant t$ n $x \geqslant t$ nnn	Ist der Wert des X-Registers größer oder auch gleich dem Wert des T-Registers? Wenn ja, Sprung zum Label n bzw. zu Schritt nnn.
INV $x \geqslant t$ n INV $x \geqslant t$ nnn	$(x < t)$: Ist der Wert des X-Registers kleiner als der Wert des T-Registers? Wenn ja, Sprung zum Label n bzw. zu Schritt nnn.
y^x	Potenzfunktion (y^x)
INV y^x	Wurzelfunktion $(\sqrt[x]{\ })$

14.3.2 Umrechnung zwischen Rechenlogiken

	AOS, ALH	UPN
Grundrechenarten Addition zweier Zahlen 3 + 4 = Entsprechend: Subtraktion, Multiplikation, Division	[3] [+] [4] [=]	[3] [ENTER] [4] [+]
Kettenrechnung $2 \cdot 3 + 4 \cdot 5 =$ $\frac{2+3}{4+5} =$	[2] [×] [3] [+] [4] [×] [5] [=] [(] [2] [+] [3] [)] [:] [(] [4] [+] [5] [)] [=]	[2] [ENTER] [3] [×] [4] [ENTER] [5] [×] [+] [2] [ENTER] [3] [+] [4] [ENTER] [5] [+] [:]
Mathematische Funktionen $\sqrt{3}$ Entsprechend: x^2, 1/x, sin, cos, ln, ... 2^4	[3] [$\sqrt{x}$] [2] [y^x] [4] [=]	[3] [$\sqrt{x}$] [2] [ENTER] [4] [y^x]
Speichern und Abrufen von Konstanten 3 → Speicher 1; M 1 := 3 m_1 → Anzeige	[3] [STO] [0] [1] [RCL] [0] [1]	[3] [STO] [1] [RCL] [1]
Rechnen mit Konstantenspeichern $(5 + m_1)$ → Anzeige $(m_1 \cdot 2)$ → Anzeige Entsprechend: Subtraktion, Division	[5] [+] [RCL] [0] [1] [=] [RCL] [0] [1] [×] [2] [=]	[5] [ENTER] [RCL] [1] [+] [RCL] [1] [2] [×]
Speicherarithmetik Addition im Speicher M 1 := M 1 + 4 Subtraktion im Speicher M 1 := M 1 − 5 Entsprechend: Multiplikation, Division	[4] [SUM] [0] [1] [5] [INV] [SUM] [0] [1]	[4] [STO] [+] [1] [5] [STO] [−] [1]

	AOS, ALH	UPN
Sprungbefehle Sprung nach LABEL 1 bzw. nach LABEL A	[GTO] [A]	[GTO] [1]
Logische Entscheidungen Sprung nach LABEL 1, wenn der Inhalt des X-Registers gleich Null ist x = 0 → LABEL 1 (A)	[0] [x ⇌ t] ... ... [x = t] [A]	[x = 0?] [GTO] [1]
Unterprogramme Sprung in das Unterprogramm LABEL 1 (A) Rücksprung in das Hauptprogramm (RETURN)	[SBR] [A] [INV] [SBR]	[GSB] [1] [RTN]

Verzeichnis der Programme

Literaturverzeichnis

Abramowitz, M. and Stegun, J.A., Handbook of Mathematical Functions, New York 1972

Aiken, L.R., Some simple computationla formulas for multiple regression. in: Educational Psychological Measurment 34 (1974), S. 767–769

Athen, H. und Bruhn, J., Grundkurs Stochastik, Hannover 1979

Atteslander, P., Methoden der empirischen Sozialforschung, Berlin 1969

Bartel, H., Statistik, Bd. I und II, Stuttgart 1971

Belser, H., Testentwicklung, Weinheim 1967

Blume, J., Statistische Methoden für Ingenieure und Naturwissenschaftler I, II. Düsseldorf 1970/74

Boneau, C., The Effects of Violations of Assumtions Underlying the t-Test, in: Psychological Bulletin, Vol. 57, 1960, S. 49–64

Boneau, C., A Note on Measurement Scales and Statistical Tests, in: American Psychologist, Vol. 61, 1961, S. 260–261

Boneau, C., A Comparison of the Power of the U and t Tests, in: Psychological Review, Vol. 69, 1962, S. 246–256

Bruhn, J. und Strick, H.K., Leistungskurs Stochastik, Manuskript 1982

Bruning, J.L. and Kintz, B.L., Computational Handbook of Statistics, Glenview 1977

Cattel, R.B., (Hrsg.), Handbook of Multivariate Experimental Psychology, Chicago 1966

Cicourel, A., Methode und Messung in der Soziologie, Frankfurt 1970

Clauss, G. und Ebner, H., Grundlagen der Statistik für Psychologen, Pädagogen und Soziologen, Berlin 1977

Diepold, P., Taschenrechner-Programme zur Statistik, Thun 1979

Fisher, R.A., The Design of Experiments, New York 1951[6]

Gloistehn, H.H., Programmieren von Taschenrechnern 3, Lehr- und Übungsbuch für den TI-58 und TI-59, Braunschweig 1978

Gottschalk, G. und Kaiser, R.E., Elementare Tests zur Beurteilung von Meßdaten, Mannheim 1972

Graf/Henning/Stange, Formeln und Tabellen der mathematischen Statistik, Berlin 1966

Guilford, J.P., Fundamental Statistics in Psychology and Education, New York 1965

Hays, W.L., Statistics for Psychologists, New York 1963

Kreyzig, E., Statistische Methoden und ihre Anwendung, Göttingen 1974[4]

Lohnes, P.R. und Cooley, W.E., Einführung in die Statistik mit EDV-Übungen, Hannover 1976

Noack, S., Auswertung von Meß- und Versuchsdaten mit Taschenrechner und Tischcomputer, Berlin 1980

Reichardt, H., Statistische Methodenlehre für Wirtschaftswissenschaftler, Düsseldorf 1971[3]

Sacher, W., Statistik für Benutzer programmierbarer Taschenrechner, München 1980[2]

Sachs, L., Angewandte Statistik, Berlin 1974

Siegel, S., Nonparametric Statistics for the Behavioral Sciences, New York 1956

Stenger, H., Stichprobentheorie, Würzburg 1971

Stevens, S.S. (Hrsg.), Mathematics, Measurement and Psychophysics, in Stevens, S.S. (Hrsg.), Handbook of Experimental Psychology, New York 1951

Thießen, P., Programmieren von Taschenrechnern 4, Lehr- und Übungsbuch für die Rechner HP-29C/HP-19c und HP-67/HP-97, Braunschweig 1980

Zielinski, R., Erzeugung von Zufallszahlen, Leipzig 1978

Sachregister